lógica formal

lógica formal

Dr. PAUL LORENZEN
Profesor en la Universidad de
Erlangen-Nürnberg

Traducido del alemán por
JUAN OCHOA MÉLIDA
Catedrático de Matemática de Institutos
Nacionales de Enseñanza Media

SELECCIONES CIENTIFICAS
Torres Quevedo, 7-9
MADRID

Torres Quevedo, 7 - 9
Madrid, 1970

Primera edición española, 1970

LA EDICIÓN ORIGINAL DE ESTA OBRA HA SIDO PUBLICADA EN LENGUA ALEMANA POR WALTER DE GRUYTER & CO., con el título

FORMALE LOGIK

Depósito legal: M. 3922.—1970.

Printed in Spain. Impreso en España por Selecciones Gráficas,
Avda. del Dr. Federico Rubio y Galí, 184, Madrid.—1970.

introducción

«Lógica», como una de las palabras centrales de la historia del pensamiento occidental, comprende en su significado cosas tan distintas como la Silogística *aristotélica,* el arte de disputaciones *escolástico,* la lógica *trascendental* de la crítica de la razón kantiana, la lógica *dialéctica* de HEGEL y la lógica *matemática* de los «*Principia Mathematica*» de WHITEHEAD y RUSSELL. El término «lógica formal» es habitual desde KANT (véase SCHOLZ, 1931), para distinguir las conclusiones lógico-formales de las restantes verdades adquiridas mediante la razón.

El ejemplo escolar de conclusión lógico-formal, que de «algunos hombres son filósofos» y «todos los filósofos son sabios» concluye que «algunos hombres son sabios», recibe el nombre de *formal* porque la validez de esta *conclusión* depende exclusivamente de la *forma* de las *proposiciones* que en ella intervienen, pero no de su materia, del *contenido* de las proposiciones—en particular no depende de la veracidad o falsedad de estas proposiciones—. (Sobre la dependencia de la lógica respecto del idioma natural, véanse epígrafes 1 y 8.) La forma de una proposición como «algunos hombres son filósofos» es, precisamente, lo que permanece de ella cuando sus *predicados,* en este caso «hombre» y «filósofo», son reemplazados por cualesquiera otros. Por tanto, esta forma puede representarse sustituyendo sus predicados por *variables.* Las variables son símbolos carentes de significado, cuya única misión consiste en indicar los lugares en que se deben colocar las *constantes* significativas, en nuestro caso los predicados. Como variables utilizaremos letras, según hacía ya ARISTÓTELES; por ejemplo, utilizaremos P, Q y R como variables que representen a los predicados. Nuestro ejemplo anterior, de las *formas proposicionales* «algunos P son Q» y «todos los Q son R», concluye la forma proposicional «algunos P son R».

También, cuando a partir de «si llueve o nieva, no viene» y «llueve», se concluye «no viene», se tiene una conclusión lógico-formal. Si se reemplazan las proposiciones «llueve», «nieva» y «viene» por las variables *a*, *b* y *c*, de las formas proposicionales «si *a* o *b*, no *c*» y «*a*», se concluye «no *c*».

Para una más exacta descripción de la lógica formal es necesario indicar cuáles son las partes de una proposición que no pueden ser reemplazadas por variables cuando queremos obtener su forma. Se trata de *partículas lógicas,* como «todo», «algunos», «si... entonces», «y», «o» y «no». Por consiguiente, podemos considerar como problema fundamental de la lógica formal el de cuándo—y con qué derecho—a partir de unas formas proposicionales, compuestas de variables y partículas lógicas, podemos concluir otra forma proposicional. Si partiendo de una forma proposicional *A* se puede concluir otra forma proposicional *B,* entonces se dice que *B* está (lógicamente) *implicada* por *A*: *A* implica *B.*

Con estos términos la *Lógica formal* puede definirse *como la ciencia de las implicaciones de las formas proposicionales.*

Fue Aristóteles el primero en tomar en consideración este problema. Su *Silogística* (véase Cap. 1) da la solución a un problema parcial, ya que se limita a considerar las cuatro formas proposicionales siguientes: «todo *P* es *Q*», «ningún *P* es *Q*», «algunos *P* son *Q*» y «no todos los *P* son *Q*». Los *Megáricos,* y posteriormente los *Estoicos,* desarrollaron una parte más amplia de la cuestión—la *lógica de las proposiciones*—caracterizada por limitarse a considerar *juntores* *, es decir, partículas lógicas como «y», «o», utilizadas para ligar proposiciones a fin de obtener nuevas proposiciones. También la *Escolástica* se ocupó de esta lógica de juntores. Su redescubrimiento se debió a Boole (1847), y significó el comienzo de la Lógica moderna. El primero en dar una teoría—la *Lógica de funciones o predicados elementales*—de la *totalidad* de partículas lógicas, por tanto de juntores y cuantores * (se trata de partículas como «todos» y «algunos»), fue Frege en sus *Begriffsschritt,* en 1879.

Puede decirse que el desarrollo de la Lógica formal (en sentido estricto, tal como aquí la consideramos) ha llegado a conclusiones definitivas gracias a los *teorema de totalidad* (Gödel, 1930) y de

* Como se ha hecho en las versiones de esta obra a otros idiomas, respetamos los vocablos latinos utilizados por el autor, aunque no coincidan con los empleados en la bibliografía española. *(N. del T.)*

indecisión (CHURCH, 1936). Esta teoría será desarrollada, en sus rasgos esenciales, en los capítulos 2 y 5. En el Apéndice demostraremos un teorema de totalidad para la lógica efectiva (Caps. 4 y 5). (Respecto a la historia de la Lógica formal, véase BOCHENSKI, 1956.)

Es costumbre tratar dentro de la lógica formal la teoría de la *igual* (o *identidad).* (Véase Cap. 6.)

Por el contrario, no nos ocuparemos de las *modalidades* «necesario», «posible» y «real», pues a pesar de la gran importancia que tenían ya en ARISTÓTELES, todavía no se ha conseguido una exposición definitiva de la *Lógica modal.* El lector interesado en la cuestión puede consultar las obras que se citan en la bibliografía.

Puesto que este libro se ocupa exclusivamente de la Lógica formal, en lo sucesivo hablaremos, por brevedad, siempre de Lógica, aunque con exactitud deberíamos decir Lógica formal.

índice general

1
silogística

1. Conceptos lingüísticos fundamentales

La Lógica *aristótelica* surgió del *idioma natural*, tal como hemos hecho en la Introducción. No obstante, los conceptos necesarios a la Lógica no pueden deducirse de conceptos lingüísticos. La conclusión de «algunos P son Q» sobre «algunos Q son P» no es formal desde el punto de vista del idioma ordinario, porque no existe ningún criterio formal que indique qué palabras del idioma ordinario deben colocarse en lugar de las variables P y Q. Por ejemplo, de «algunos hombres están (son) aquí» no se puede concluir «algunos aquí son hombres».

Por este motivo es necesario estudiar el fenómeno de las conclusiones lógicas sobre un *idioma artificial*. Al menos esto es lo exigible desde un punto de vista teórico, aunque en la práctica nos bastará utilizar ejemplos del idioma ordinario, que pongan de manifiesto las posibilidades de un idioma artificial.

Para la Lógica basta considerar muy pocas de las posibilidades de un idioma artificial. Como primera posibilidad citemos la de poder *designar* mediante *nombre propio* cualquier acontecimiento, cosa o persona—convenimos en emplear el término *objeto* para designar a cualquiera de los anteriores—. El idioma ordinario, en general, sólo dispone de nombres propios para las personas u objetos geográficos y astronómicos, por ejemplo: Platón, París, Tierra—y ya habría que hacer la limitación, en los ejemplos citados, que muchas ciudades se llaman «París» y, por tanto, en sentido estricto, no se trata de un nombre propio—. Con independencia de la realidad del idioma ordinario, cabe la posibilidad de hacer corresponder a cada objeto un símbolo, de modo que estos símbolos sirvan de nombre propio para la exacta designación de un objeto.

Junto a esta posibilidad de designación (mediante un nombre propio), citemos como segunda posibilidad la de predicar.

Un *predicado* es un símbolo que, a diferencia del nombre propio, no sirve para la exacta designación de un objeto, sino que se utiliza de modo que *adecúe* a determinados objetos y a otros *no*. El uso de predicados es lo que denominamos *predicar*. Se aprende a predicar en los ejemplos, así con el predicado «martillo», mediante un número finito de proposiciones de la forma, «esto es un martillo» y «esto no es un martillo», se llega a la situación apropiada. Del mismo modo puede llegarse a aprender incluso el uso del predicado «predicado», cuando se da un número finito de ejemplos de símbolos, que ya se saben utilizar como predicados. Igual que puede esperarse de un niño que llegue a poder utilizar correctamente predicados como «martillo», puede esperarse del lector que él—valiéndose de su experiencia con el idioma ordinario—pueda decidir por sí mismo si un símbolo se utiliza como predicado o no. Igual que puede haber casos en los que sea discutible si adecúa «martillo», también puede haber casos en los que sea discutible si un símbolo adecúa al predicado «predicado» —pero no por ello debe despreciarse este predicado, pues tampoco se hace esto con el predicado «martillo»—.

En el mismo sentido que cuando se trata de un solo objeto, también a pares, ternas, ..., de objetos les puede adecuar o no un predicado. Así, por ejemplo, en proposiciones como

«Platón fue el maestro de Aristóteles»,

«Roma no está entre Atenas y Bizancio».

El sistema de objetos de los que se predica está representado por «Platón, Aristóteles» y «Roma, Atenas, Bizancio». En estos casos los predicados se denominan *polivalentes,* más exactamente, di-valentes, tri-valentes, etc.

Con nombres propios y predicados se pueden formar *proposiciones primitivas.* Si $\mathfrak{s}_1$, $\mathfrak{s}_2$, ..., son nombres propios y $\mathcal{P}$, $\mathcal{Q}$, ..., predicados, formaremos (en nuestro idioma artificial ficticio, que sólo consideramos para poner de manifiesto las posibilidades lingüísticas importantes para la Lógica) con dos nuevos símbolos, por ejemplo, ϵ y ϵ', sucesiones de símbolos de la forma $s \epsilon P$ y $s \epsilon' P$, en donde la *variable sujeto* s representa los nombres propios $\mathfrak{s}_1$, $\mathfrak{s}_2$, ..., y la *variable predicado* P los predicados $\mathcal{P}$, $\mathcal{Q}$, ... Se da a s el nombre de variable sujeto, en atención a su nombre gramatical.

Sobre el uso de estas proposiciones primitivas concertamos que $\mathfrak{s} \in \mathcal{P}$ y $\mathfrak{s} \epsilon' \mathcal{P}$ sirven para expresar que el predicado $\mathcal{P}$ adecúa o no al objeto representado por $\mathfrak{s}$. El hecho de que el símbolo ϵ' contenga aquí al ϵ es una arbitrariedad de nuestro idioma artificial (más exactamente: nuestra escritura artificial). También se podría simbolizar la adecuación por $+sP$ y la no adecuación por $-sP$. La utilización de ϵ y ϵ' corresponde a la habitual utilización de las cópulas «es» y «no es». El símbolo ϵ fue introducido por PEANO en 1894 como abreviatura del griego ἐστί. Por tanto, podemos llamar a ϵ y ϵ' *cópulas*. Las proposiciones primitivas cuyos predicados no predican de un solo objeto, sino de varios, tienen la forma

$$s_1, s_2, \ldots, s_n \epsilon P \qquad (n=1,2,\ldots) \qquad (1.1)$$

$$s_1, s_2, \ldots, s_n \epsilon' P. \qquad (1.2)$$

Las proposiciones de la forma (1.1) se llaman *afirmativas*, las de la forma (1.2) *negativas*.

En el caso de predicados divalentes es habitual escribir, por motivos de brevedad, $s_1 P s_2$ en lugar de $s_1, s_2 \epsilon P$ y $s_1 P' s_2$ en lugar de $s_1, s_2 \epsilon' P$.

Ahora, en lugar de adecuar a un objeto el predicado $\mathcal{P}$, puede adecuarse a la proposición $\mathfrak{s} \epsilon \mathcal{P}$, donde $\mathfrak{s}$ es un nombre propio del objeto en cuestión, un nuevo predicado v *(verdadero)* y a la proposición $\mathfrak{s} \epsilon' \mathcal{P}$ el predicado f *(falso)*. Recíprocamente, en el caso en que $\mathcal{P}$ no adecúe al objeto designado por $\mathfrak{s}$, a la proposición $\mathfrak{s} \epsilon \mathcal{P}$ le adecúa f y a la $\mathfrak{s} \epsilon' \mathcal{P}$ le adecúa v.

La discusión de si estas predicaciones son *justificadas* es un problema que no cabe dentro de la Lógica. No obstante, será útil para la comprensión recordar que, dado el origen de los predicados, no depende de la voluntad del que habla que un predicado adecúe o no a un determinado objeto. La justificación de la proposición depende fundamentalmente del objeto. Por ello es habitual, no sólo preguntar al que habla si él quiere que el predicado *adecúe* al objeto, sino si de hecho adecúa al objeto; por tanto, se trata de preguntar si una proposición puede considerarse verdadera independientemente de la voluntad del que habla, es decir, si es verdadera «en realidad» o «factible». Desde el punto de vista de la Lógica puede colocarse en lugar de la decisión sobre la verdad o falsedad factibles de las proposiciones primarias, cualquier regla arbitraria que decida sobre la veracidad o falsedad de estas proposiciones. A pesar de ello utilizaremos los términos «*verdadero-factible*» y «*falso-factible*» (tomados de CARNAP, 1947), pues facilitan la comprensión de la relación existente entre la Lógica y el *conocimiento de la realidad* (para la que es decisiva la veracidad factible de las proposiciones).

Después de la introducción de los conceptos fundamentales: nombre propio, predicado y proposiciones primitivas, nos queda como última posibilidad de nuestro idioma artificial tratar de la introducción de las *reglas primitivas*. Por ejemplo, para los predicados $\mathcal{P}$ y $\mathcal{Q}$

$$s \in \mathcal{P} \longrightarrow s \in \mathcal{Q} \qquad (1.3)$$

simboliza la regla, según la cual se ha pasado de una proposición de la forma $s \in \mathcal{P}$ a otra $s \in \mathcal{Q}$. Dicho con más exactitud, que (según esta regla) se puede *pasar* siempre de una proposición $\mathfrak{s} \in \mathcal{P}$, que se obtiene de $s \in \mathcal{P}$ al poner $\mathfrak{s}$ en lugar de s, a la $\mathfrak{s} \in \mathcal{Q}$.

En el idioma ordinario una proposición *general* como, por ejemplo, «todos los hombres son mortales», puede interpretarse como la expresión de la regla que prescribe el paso de proposiciones como «Sócrates es un hombre», «Cayo es un hombre», ..., a las correspondientes proposiciones «Sócrates es mortal», «Cayo es mortal», ... La cuestión de cuál sea el fundamento para reconocer estas reglas no es esencial para la Lógica. Nos basta con poner de manifiesto la posibilidad de introducir reglas primitivas para un idioma.

La forma general de tales reglas es:

$$\mathcal{A}_1, \ldots, \mathcal{A}_n \longrightarrow \mathcal{A}, \qquad (1.4)$$

en donde las $\mathcal{A}_1$, ..., $\mathcal{A}_n$ y $\mathcal{A}$ son *fórmulas primitivas*, es decir, proposiciones primitivas o formas proposicionales primitivas (la diferencia entre éstas y las proposiciones, radica en que las primeras contienen también variables). Toda regla contiene *n premisas* y una *conclusión*; *n* puede ser también cero.

Si en un idioma introducimos un número finito de reglas primitivas:

$$\begin{aligned} &\mathcal{A}_{11}, \mathcal{A}_{12}, \ldots \longrightarrow \mathcal{A}_1 \\ &\mathcal{A}_{21}, \mathcal{A}_{22}, \ldots \longrightarrow \mathcal{A}_2 \\ &\ldots\ldots\ldots\ldots\ldots\ldots \end{aligned}$$

diremos que se trata de un *sistema de reglas primitivas*.

En relación a un sistema de reglas primitivas *R*, se puede preguntar si una proposición $\mathfrak{a}$ puede *deducirse* de un sistema de proposiciones $\mathfrak{a}_1, \mathfrak{a}_2, \ldots, \mathfrak{a}_n$, es decir, si partiendo sólo de las proposiciones $\mathfrak{a}_1, \ldots, \mathfrak{a}_n$ y mediante un número finito de pasos, hechos de acuerdo con las reglas de *R*, puede obtener la proposición $\mathfrak{a}$.

A un sistema de reglas primitivas *R* le impondremos la condición de que sea *consistente-factible*, es decir, que a partir de proposiciones verdaderas-factibles sólo puedan deducirse, de acuerdo con las reglas de *R*, proposiciones verdaderas-factibles. Por ejemplo, la regla enunciada por «todos los cisnes son blancos», en virtud de la cual de toda proposición «esto es un cisne» se deduce «esto es blanco», es *inconsistente-factible*, porque existen objetos para los que «esto es un cisne» es verdadero, pero es falso «esto es blanco». La consistencia factible de las reglas primitivas no puede ser fundamentada por la Lógica formal, con excepción de las reglas triviales de la forma

$$\mathcal{A}_1, \mathcal{A}_2, \ldots, \mathcal{A}_n \longrightarrow \mathcal{A}_\nu \qquad (\nu = 1, \ldots, n).$$

Con este concepto de consistencia factible de un sistema de reglas primitivas podemos dar por concluida la exposición de los conceptos idiomáticos fundamentales. Sólo a modo de apéndice nos ocuparemos de hasta qué punto puede hablarse de «*significaciones*» cuando se trata de predicados y proposiciones y cómo esto está en analogía con los nombres propios que designan objetos. Para lo sucesivo no sería necesario la introducción de significaciones. Pero es habitual hacer corresponder a los predicados una significación, en dos sentidos, uno *intensional*, un *concepto de relación* (en el caso univalente: un *concepto de clase*), y otra *extensional*, una *relación* (en el caso univalente: una *clase*). La terminología procede esencialmente de Carnap, 1947, y Church, 1956.

Sean, por ejemplo, $\mathcal{P}$ y $\mathcal{Q}$ predicados univalentes. Entonces, si para todo $\mathfrak{s}$ las proposiciones $\mathfrak{s} \in \mathcal{P}$ y $\mathfrak{s} \in \mathcal{Q}$ son siempre ambas verdaderas-factibles o ambas falsas-factibles (esto puede saberse—tomado con exactitud—sólo cuando entren en consideración un número finito de sujetos), diremos que los predicados $\mathcal{P}$ y $\mathcal{Q}$ son *extensionalmente iguales*. De los predicados univalentes extensionalmente-iguales diremos que significan la misma *clase* (extensional). Se intuitiviza una de estas clases como «reunión» de objetos, precisamente de aquellos objetos $\mathfrak{s}$ para los que $\mathfrak{s} \in \mathcal{P}$ es verdadera-factible. Naturalmente, se trata de los mismos objetos $\mathfrak{s}$ para los que $\mathfrak{s} \in \mathfrak{Q}$ es verdadera-factible. Sin embargo, al hablar de clases no se trata de una reunión concreta, sino de un objeto *abstracto,* que puede introducirse como abstracciones de predicados basándose en la igualdad extensional (la teoría de la abstracción necesaria para ello será expuesta en el Cap. 6, epígrafe 13).

Para los predicados polivalentes vale lo correspondiente, con *relaciones* en lugar de clases.

Sólo puede hablarse del significado intensional de los predicados haciendo referencia a un sistema de reglas (primitivas). Si respecto al sistema de reglas R las proposiciones $\mathfrak{s} \in \mathfrak{Q}$ son siempre deducibles de las proposiciones $\mathfrak{s} \in \mathfrak{P}$, es decir, esto sucede para todo sujeto $\mathfrak{s}$, y además también es cierta la recíproca, entonces se dice que los predicados $\mathfrak{P}$ y $\mathfrak{Q}$ son *intensionalmente iguales* respecto a R. La igualdad intensional puede definirse también en caso de un número infinito de sujetos, pues basta considerar las formas proposicionales $s \in \mathfrak{P}$ y $s \in \mathfrak{Q}$. De los predicados univalentes intensionalmente iguales diremos ahora—basándonos de nuevo en una abstracción—que significan el mismo *concepto de clase* (intensional). Correspondientemente, el significado intensional de un predicado polivalente se denomina un *concepto de relación.*

Si el sistema de reglas R es consistente-factible, los predicados intensionalmente-iguales son siempre, también, extensionalmente-iguales. En estas condiciones, cada concepto de clase *determina* unívocamente una clase, y cada concepto de relación unívocamente una relación. El recíproco no es cierto, los predicados extensionalmente-iguales no tienen por qué ser intensionalmente iguales, como lo muestra ya el ejemplo dado por PLATON de la igualdad entre las clases de hombres y de los bípedos sin plumas.

En analogía con el doble significado de los predicados, introdujo FREGE, 1892, para las proposiciones también un doble significado. Las proposiciones $\mathfrak{a}$ y $\mathfrak{b}$ se denominan extensionalmente iguales (respecto a R) cuando las dos son verdaderas-factibles, o falsas-factibles, y son intensionalmente iguales cuando $\mathfrak{a}$ y $\mathfrak{b}$ son mutuamente deducibles respecto a R.

En consecuencia, todas las proposiciones verdaderas-factibles son extensionalmente iguales y lo mismo sucede con todas las proposiciones falsas-factibles. Siguiendo a FREGE, diremos que las proposiciones extensionalmente-iguales significan el mismo *valor de veracidad.* Por tanto, existen exactamente dos valores de veracidad, el valor de veracidad «*verdad*», significado de las proposiciones verdaderas-factibles, y el valor de veracidad «*falsedad*», significado de las proposiciones falsas-factibles. De las proposiciones intensionalmente iguales decía FREGE que expresaban el mismo *pensamiento.* El término «pensamiento» se presta a confusión, pues habitualmente significa un acto psíquico. En inglés se emplea el término «*proposition*» para el significado intensional de las proposiciones. Nosotros utilizaremos para el significado intensional de las proposiciones el término *juicio,* tomándolo de LEIBNITZ.

Tenemos así la siguiente tabla (véase epígrafe 13):

Símbolos		Predicados	(Pr. univalentes)	Proposiciones
Significado	Intensión	Concepto de relación	(Concepto de clase)	Juicio
	Extensión	Relación	(Clase)	Valor de veracidad

2. Los modos silogísticos

La *Silogística* no se ocupó de proposiciones primitivas. El ejemplo que de «todos los hombres son mortales» y «Cayo es un hombre» concluye sobre «Cayo es mortal», en el que aparecen dos proposiciones primitivas, fue añadido por la *Escolástica* (OCKHAM) a las conclusiones *aristotélicas.* ARISTÓTELES (384-322 a. de J.C.) consideraba en sus conclusiones sólo proposiciones de las cuatro formas:

a) Todos los *P* son *Q*.
i) Algunos *P* son *Q*.
e) Ningún *P* es *Q*.
o) No todos los *P* son *Q*.

Y todas ellas son no primitivas. Contienen dos predicados *P* y *Q* y ningún sujeto, es decir, ningún nombre propio para objetos. Quién deba ser el sujeto gramatical de las proposiciones anteriores es cuestión que no interesa a la Lógica. El limitarse a considerar estas cuatro formas está basado en lo siguiente: deben considerarse objetos a los que adecúe el predicado *P,* y se pregunta si a estos objetos adecúa también el predicado Q. Sin poder particularizar sobre los objetos, pueden distinguirse, en principio, los dos casos extremos, que Q adecúe a todos los P (más exactamente: a todos los objetos a los que adecúe P), o bien que Q no adecúe a ningún P. Estos son los casos *a)* y *e)*. Como tercera posibilidad queda la de que Q adecúe a algunos P, pero no a todos. Esta tercera posibilidad da lugar a las dos proposiciones *i)* y *o)*. En el capítulo 5, epígrafe 10 daremos un análisis más exacto de las formas proposicionales de la logística. Desde el punto de vista *aristotélico* estas proposiciones deben entenderse como proposiciones inmediatamente inteligibles sobre los predicados en cuestión (o también sobre los significados de estos predicados). La representación de las formas proposicionales mediante las vocales *a, i, e, o,* se retrotrae a la Lógica *medieval.* Mediante la palabra «afirmo» se designan las proposiciones afirmativas *a* e *i* (*a* es la proposición *afirmativa general* e *i* la *afirmativa particular).* Correspondientemente se emplea la palabra «nego» para designar las proposiciones *e, negativa general,* y *o, negativa particular.* También nosotros emplearemos las vocales *a, i, e, o,* para la formulación simbólica de estas proposiciones, para las que abreviadamente pondremos (emplearemos $\rightleftharpoons$ como signo de definición):

$$P\,a\,Q \rightleftharpoons \text{todos los } P \text{ son } Q,$$
$$P\,i\,Q \rightleftharpoons \text{algunos } P \text{ son } Q,$$
$$P\,e\,Q \rightleftharpoons \text{ningún } P \text{ es } Q,$$
$$P\,o\,Q \rightleftharpoons \text{no todos los } P \text{ son } Q.$$

De este modo hemos alcanzado de nuevo la forma de las proposiciones primitivas, en donde aparecen *a, i e* y *o* como (relaciones) predicados divalentes sobre predicados. También ARISTÓTELES formulaba las proposiciones de modo que en los extremos aparecieran P y Q. Por este motivo designaba los predicados por «ὅροι» que dio en latín «*termini*». Las formulaciones *aristotélicas* pueden traducirse, por ejemplo, de este modo: «Q pertenece a todos los P», en lugar de «todos los P son Q». Por consiguiente, se ha permutado el orden de los predicados.

Si existe la seguridad de que las proposiciones $\mathcal{P}\,a\,\mathcal{M}$ y $\mathcal{M}\,a\,\mathcal{Q}$ son ciertas, también debe estar garantizada la veracidad de la proposición $\mathcal{P}\,a\,\mathcal{Q}$. ARISTÓTELES decía que de $\mathcal{P}\,a\,\mathcal{M}$ y $\mathcal{M}\,a\,\mathcal{Q}$ se deduce necesariamente la proposición $\mathcal{P}\,a\,\mathcal{Q}$. Tenemos así un ejemplo de conclusión lógica: de las formas $P a M$ y $M a Q$ se deduce lógicamente $P a Q$. Simbolizaremos esto mediante

$$P a M \text{ y } M a Q < P a Q, \tag{2.1}$$

por tanto, el signo $<$ indica *implicación lógica.*

Hasta el capítulo 5, epígrafe 10, supondremos la existencia de la implicación lógica como inteligible por sí misma. En consecuencia, tomaremos (2.1) como un *axioma* de la Silogística, del mismo modo que en Geometría al principio de la teoría se colocan ciertos teoremas evidentes como axiomas. Más adelante veremos que la Lógica, por esencia, no puede ser una teoría axiomática, pero la Silogística, como una parte de la Lógica, sí puede desarrollarse axiomáticamente.

Al axioma (2.1) le añadiremos como nuevo axioma la forma proposicional trivial

$$P a P, \tag{2.2}$$

es decir, «todos los P son P», y dispondremos así de un *sistema de axiomas* suficiente para todas nuestras deducciones.

Las restantes relaciones de la Silogística: *i, e, o,* pueden retrotraerse sobre la *a* mediante definiciones. En primer lugar se define *i* mediante la observación de que $P i Q$ será exactamente verdadera, cuando por lo menos para un predicado M sean verdaderas tanto $M a P$ como $M a Q$. Por tanto, se define así:

$$P i Q \rightleftharpoons M a P \text{ y } M a Q \text{ para un } M. \tag{2,3}$$

Además, definiremos *e* como negación de *i*:

$$P e Q \rightleftharpoons P i' Q, \tag{2,4}$$

y por analogía con (2.3) definiremos *o* por

$$P o Q \rightleftharpoons M a P \text{ y } M e Q \text{ para un } M. \tag{2.5}$$

Estas definiciones de *i* y *o* fueron utilizadas por vez primera por FREYTAG-LÖRINGHOFF, 1949. $P i Q$ no significa que exista un sujeto $\mathfrak{s}$ tal que $\mathfrak{s} \in P$ y $\mathfrak{s} \in Q$, sino que existe un predicado M tal que $M a P$ y $M a Q$. Para que esta definición tenga pleno significado debe suponerse que sólo se toman en consideración predicados pertenecientes a una clase previamente dada (por ejemplo, de una pirámide de conceptos). El hecho de que se defina a e como negación de i está en correspondencia con la formulación verbal. Por el contrario, según (2.5), o no es la negación de a. Más adelante demostraremos que o y a son contrarias, aunque no tenga utilización en la teoría de los modos silogísticos. Para hacer intuitivas estas definiciones consideraremos círculos en lugar de predicados (clases). Dados dos círculos P y Q de un plano, pondremos $P\,a\,Q$ cuando el círculo P esté contenido en el Q. En estas condiciones, las cuatro relaciones a, i, e, o vendrán representadas por las siguientes figuras:

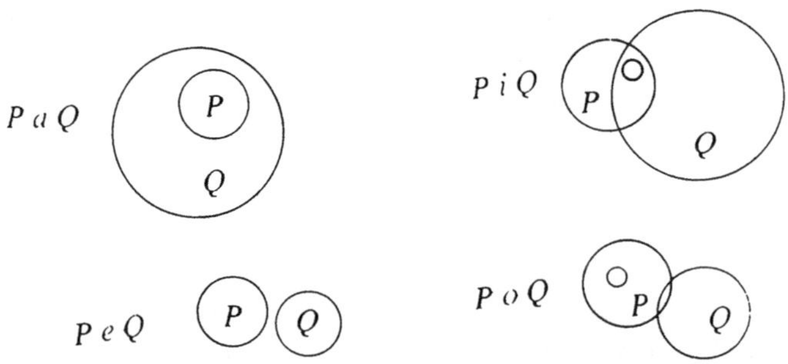

El tercer círculo de las figuras relativas a i y o representa a uno de los círculos cuya existencia se exige en la definición. Como se ve en las figuras—y puede deducirse inmediatamente de las definiciones—las relaciones i y e son *simétricas*, es decir, se verifica $P\,i\,Q$ exactamente cuando vale $Q\,i\,P$; lo mismo sucede con $P\,e\,Q$, que sólo es válida cuando lo es $Q\,e\,P$. Por el contrario, a y o son no simétricas. Si el círculo P está contenido en el círculo Q, entonces Q no está contenido en P. La relación existente entre Q y P, cuando se verifica $P\,a\,Q$, se denomina *conversa* de la a y se representa por $\tilde{a}$; en consecuencia:

$$Q\,\tilde{a}\,P \rightleftharpoons P\,a\,Q. \tag{2.6}$$

Un ejemplo habitual de *conversión* es el siguiente: «Si x es profesor de y, entonces, y es alumno de x.» «Alumno» es la relación conversa de «profesor».

Introduciremos también la relación conversa $\tilde{o}$ relativa a o:

$$Q\,\tilde{o}\,P \rightleftharpoons P\,o\,Q. \tag{2.7}$$

Las nuevas relaciones $\tilde{a}$ y $\tilde{o}$ tienen la siguiente representación mediante círculos:

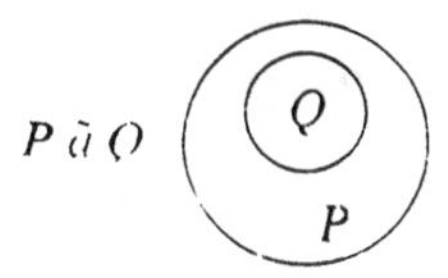

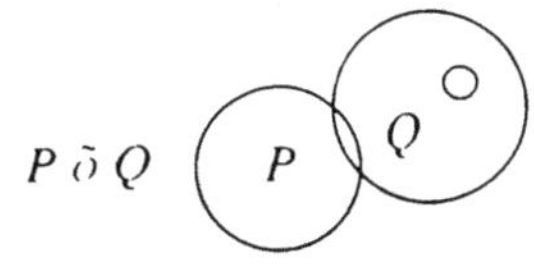

Aristóteles y la *Escolástica* no conocieron estas relaciones conversas. Pero la consideración de las seis relaciones *a*, *ã*, *i*, *e*, *o* y *õ*, en lugar de las cuatro clásicas, *a*, *i*, *e* y *o*, simplifica grandemente la solución del problema de la *Silogística*, que consiste en investigar qué implicaciones lógicas son posibles partiendo—como en (2.1)—de dos proposiciones, llamadas *premisas*, de modo que se obtenga una nueva proposición, que es la *conclusión*. Si en la conclusión aparecen los predicados P y Q, en las premisas tiene que aparecer un predicado M más. Las dos premisas admiten cuatro ordenaciones, que dan lugar a las implicaciones siguientes, llamadas tradicionalmente *figuras:*

I. $M \rho Q$ y $P \sigma M < P \tau Q$
II. $Q \rho M$ y $P \sigma M < P \tau Q$
III. $M \rho Q$ y $M \sigma P < P \tau Q$
IV. $Q \rho M$ y $M \sigma P < P \tau Q$

donde las variables ρ, σ y τ representan las cuatro relaciones *a*, *i*, *e* y *o*. Si disponemos, junto con cada relación, también de su conversa, basta con limitarse a considerar una figura. Por tanto, estudiaremos sólo conclusiones de la forma

$$P \rho M \quad \text{y} \quad M \sigma Q < P \tau Q \tag{2.8}$$

donde las variables ρ, σ y τ representan ahora a cada una de las seis relaciones *a*, *ã*, *i*, *e*, *o* y *õ*. Estas conclusiones las llamaremos silogismos *normados*. Puesto que, como dijimos, Aristóteles permutaba la sucesión de predicados, para él los silogismos de la figura I eran normados. Aristóteles los denominaba «*perfectos*».

El axioma (2.1) es un silogismo normado. Las definiciones (2.3) y (2.5) dan también silogismos normados:

$$P \tilde{a} M \quad \text{y} \quad M a Q < P i Q,$$
$$P \tilde{a} M \quad \text{y} \quad M e Q < P o Q.$$

En virtud de las definiciones, no sólo valen estas implicaciones, sino también las

$$P\,\tilde{a}\,M \text{ y } M\,a\,Q \text{ para un } M \asymp P\,i\,Q, \tag{2.9}$$

$$P\,\tilde{a}\,M \text{ y } M\,e\,Q \text{ para un } M \asymp P\,o\,Q, \tag{2.10}$$

donde $\asymp$ simboliza la *equivalencia* lógica, es decir, la implicación lógica en los dos sentidos.

También puede deducirse de (2.1) una equivalencia:

$$P\,a\,M \text{ y } M\,a\,Q \text{ para un } M \asymp P\,a\,Q. \tag{2.11}$$

Si en ésta hacemos M igual a P y leemos de derecha a izquierda, resulta: De $P\,a\,Q$ se deduce—según (2.2)—, $P\,a\,P$ y $P\,a\,Q$.

En consecuencia, nos ocuparemos en primer lugar de todas las equivalencias de la forma

$$P\,\rho\,M \text{ y } M\,\sigma\,Q \text{ para un } M \asymp P\,\tau\,Q. \tag{2.12}$$

Si la (2.12) es válida, la relación τ viene unívocamente determinada por las ρ y σ. A esta relación τ se le denomina *producto de las relaciones* ρ y σ, y escribiremos abreviadamente:

$$\rho \mid \sigma = \tau.$$

Si, por ejemplo, $x\,\rho\,y$ significa que x es un hijo de y, y la $y\,\sigma\,z$ que y y z son hermanos, entonces $x\rho|\sigma z$ indica que x es un hijo de un hermano de z, es decir, que x es un sobrino de z; abreviadamente:

sobrino = hijo | hermano.

Obsérvese que las relaciones «hermano | hijo» e «hijo | hermano» son distintas.

Mediante la multiplicación de relaciones el problema de la Silogística puede formularse así: se trata de elaborar una tabla de multiplicación que nos dé los productos entre las seis relaciones a, $\tilde{a}$, e, i, o y $\tilde{o}$, cuyos resultados sean precisamente una de estas relaciones. La interpretación de los silogismos como *producto de relaciones* se encuentra por vez primera en De Morgan, 1847, y permite una solución del problema de Silogística mucho más clara que la dada por el método *aristotélico*.

Aunque la teoría de los predicados divalentes (relaciones), será desarrollada sistemáticamente con posterioridad (Cap. 6, epígrafe 13), la emplearemos en sentido no crítico en tanto sea necesaria para la exposición de la **Silogística.**

Si formamos con las relaciones ρ, σ y τ, en primer lugar, el producto $\rho \mid \sigma$ y después multiplicamos este producto por τ, representaremos este producto por $\rho \mid \sigma \dot{\mid} \tau$, donde el punto colocado sobre el segundo símbolo de multiplicación, indica que esta multiplicación debe hacerse después que la anterior. Resulta que si se multiplica primero $\sigma \dot{\mid} \tau$ y después se forma $\rho \dot{\mid} \rho \mid \tau$, se obtiene el mismo producto, es decir, que vale la igualdad

$$\rho \mid \sigma \dot{\mid} \tau = \rho \dot{\mid} \sigma \mid \tau.$$

Si, por ejemplo, se verifican las $P\rho \mid \sigma M$ y $M\,\tau\,Q$ para un M, entonces también se verifica, para un determinado N, $P\,\rho\,N$ y $N\,\sigma\,M$, y, en consecuencia, también las $P\,\rho\,N$ y $N\sigma \mid \tau Q$. También es cierta la recíproca: el orden en que se asocien los factores consecutivos, para la formación de un producto, no afecta al resultado *(regla asociativa).*

Hasta ahora tenemos las siguientes igualdades:

$$a \mid a = a, \qquad \tilde{a} \mid a = i, \qquad \tilde{a} \mid e = o. \tag{2.13}$$

De las dos primeras se deduce ahora:

$$i \mid a = \tilde{a} \mid a \dot{\mid} a = \tilde{a} \dot{\mid} a \mid a = \tilde{a} \mid a = i. \tag{2.14}$$

La anterior (2.14) indica que de $P\,i\,M$ y $M\,a\,Q$ se deduce siempre $P\,i\,Q$. Por tanto, si se verifican $M\,a\,Q$ y $P\,e\,Q$, es decir, en virtud de (2.4), no $P\,i\,Q$, tampoco puede verificarse $P\,i\,M$ y debe valer $P\,e\,M$. De este modo se sigue, de (2.14),

$$M\,a\,Q \text{ y } P\,e\,Q \prec P\,e\,M,$$

la cual—de nuevo a causa de (2.2)—conduce fácilmente a

$$M\,a\,Q \text{ y } Q\,e\,P \text{ para un } Q \asymp M\,e\,P.$$

Hemos obtenido así:

$$a \mid e = e. \tag{2.15}$$

Además, observemos que de una igualdad $\rho \mid \sigma = \tau$ se infiere inmediatamente $\tilde{\sigma} \mid \tilde{\rho} = \tilde{\tau}$ para las relaciones conversas $\tilde{\rho}$, $\tilde{\sigma}$, $\tilde{\tau}$ de las ρ, σ, τ *(regla de conversión).*

Puesto que $\rho \mid \sigma = \tau$ indica que para un M, $P \tau Q$ es equivalente con

$$P \rho M \quad \text{y} \quad M \sigma Q.$$

Esto es equivalente con

$$Q \tilde{\sigma} M \quad \text{y} \quad M \tilde{\rho} P \quad \text{para un } M,$$

por tanto, con $Q\tilde{\sigma} \mid \tilde{\rho}P$. De ambas se deduce la deseada equivalencia de $Q \tilde{\tau} P$ con $Q\tilde{\sigma} \mid \tilde{\rho}P$.

Por aplicación de la regla de conversión a las igualdades ya conocidas y teniendo en cuenta $\tilde{i} = i$ y $\tilde{e} = e$, resultan

$$\tilde{a} \mid \tilde{a} = \tilde{a}, \qquad e \mid a = \tilde{o}, \qquad \tilde{a} \mid i = i, \qquad e \mid \tilde{a} = e. \tag{2.16}$$

Aplicando la regla asociativa, en virtud de la cual se puede prescindir de los puntos sobre el signo de multiplicación, se deducen

$$\tilde{a} \mid o = \tilde{a} \mid \tilde{a} \mid e = \tilde{a} \mid e = o, \tag{2.17}$$

$$o \mid \tilde{a} = \tilde{a} \mid e \mid \tilde{a} = \tilde{a} \mid e = o, \tag{2.18}$$

$$e \mid i = e \mid \tilde{a} \mid a = e \mid a = \tilde{o} \tag{2.19}$$

y de éstas, nuevamente por conversión,

$$\tilde{o} \mid a = \tilde{o}, \qquad a \mid \tilde{o} = \tilde{o}, \qquad i \mid e = o. \tag{2.20}$$

Tenemos en total quince igualdades, que podemos reunirlas en la siguiente *tabla de multiplicación* simétrico-conversa:

	$\tilde{a}$	a	i	e	o	$\tilde{o}$
a		a		e		$\tilde{o}$
$\tilde{a}$	$\tilde{a}$	i	i	o	o	
i		i		o		
e	e	$\tilde{o}$	$\tilde{o}$			
$\tilde{o}$		$\tilde{o}$				
o	o					

Cada una de estas igualdades da lugar a un silogismo. Basta justificar ahora que de (2.2) se deducen las siguientes implicaciones:

$$\left.\begin{array}{l} P\,a\,Q < P\,i\,Q \\ P\,\tilde{a}\,Q < P\,i\,Q \\ P\,e\,Q < P\,o\,Q \\ P\,e\,Q < P\,\tilde{o}\,Q. \end{array}\right\} \tag{2.21}$$

Por consiguiente, si la conclusión de un silogismo es una a-proposición o $\tilde{a}$-proposición, se obtiene otro silogismo con las mismas premisas y una i-conclusión. Si la conclusión es una e-proposición pueden deducirse correspondientemente dos más débiles, cuyas conclusiones sean o-proposiciones, o bien, $\tilde{o}$-proposiciones. En la tabla dada aparecen una vez cada una de las conclusiones a y $\tilde{a}$ y dos veces la e; en consecuencia, a los quince silogismos *fuertes* hay que añadirles seis silogismos *débiles,* que sólo valen como implicaciones. Estos vienen representados del modo siguiente:

$$a \mid a \subseteq i, \quad \tilde{a} \mid \tilde{a} \subseteq i, \quad a \mid e \subseteq o,$$
$$a \mid e \subseteq \tilde{o}, \quad e \mid \tilde{a} \subseteq o, \quad e \mid \tilde{a} \subseteq \tilde{o}. \tag{2.22}$$

En total hemos obtenido veintiún silogismos normados.

La Lógica tradicional consideraba exclusivamente las conclusiones en las que aparecían las cuatro figuras, es decir, prescindía de las $\tilde{a}$ y $\tilde{o}$, en consecuencia tenía que llegar a un número distinto de conclusiones; los *modos silogistas.* Para la determinación de este número partiremos del hecho de que en la tabla de multiplicar aparecen exactamente 10 igualdades, cuyo resultado sea en a, e, i, o. A este número hay que agregar los cuatro silogismos débiles (2.22), que tienen como resultado i o bien o. Una conclusión de la figura I, por permutación de sus premisas se transforma en un silogismo normado. Para obtener un silogismo normado en la figura II debe convertirse la primera premisa antes de proceder a la permuta; por el contrario, en la figura III debe convertirse la segunda premisa, antes de permutarlas, y en la figura IV deben convertirse previamente las dos premisas. Por consiguiente, un silogismo que contenga en una premisa e ó i —por la simetría de i y e— debe aparecer dos veces en el recuento tradicional, según figuras, una conclusión que contenga en ambas premisas e ó i, aparecerá cuatro veces. Las catorce conclusiones antedichas, se clasifican así:

6 conclusiones en cuyas premisas no aparecen e ni i,
7 conclusiones en una de cuyas premisas aparece e ó i,
1 conclusión en cuyas dos premisas aparece e ó i.

En consecuencia, tradicionalmente deben aparecer $6 \cdot 1 + 7 \cdot 2 + 1 \cdot 4 = 24$ modos distintos. Así sucede en realidad, como lo muestra la tabla siguiente:

	I	II	III	IV
$a \mid a = a$	barbara			
$a \mid e = e$	celarent	cesare		
$e \mid \tilde{a} = e$		camestres		calemes
$i \mid a = i$	darii		datisi	
$\tilde{a} \mid i = i$			disamis	dimatis
$i \mid e = o$	ferio	festino	ferison	fresison
$o \mid \tilde{a} = o$		baroco		
$\tilde{a} \mid o = o$			bocardo	
$\tilde{a} \mid a = i$			darapti	
$\tilde{a} \mid e = o$			felapton	fesapo
$\tilde{a} \mid \tilde{a} \subseteq i$				bamalip
$a \mid a \subseteq i$	barbari			
$a \mid e \subseteq o$	celaront	cesaro		
$e \mid \tilde{a} \subseteq o$		camestros		calemos

Los modos vienen representados por palabras simbólicas, que proceden de la *Escolástica.* Las tres vocales que aparecen en cada una de ellas dan el orden de las formas proposicionales de las dos premisas y la conclusión, tal como aparecen en las respectivas figuras.

Las diez primeras filas de la tabla representan silogismos fuertes, las cuatro últimas, débiles. Por el contrario, la Escolástica separaba los modos que aparecen en las tres últimas filas de los restantes, llamándoles modos *subalternos.* Bamalip, que sólo vale como implicación, no era considerado como subalterno, porque la equivalencia correspondiente $\tilde{a} \mid \tilde{a} = \tilde{a}$ por aparecer $\tilde{a}$ en la conclusión, no entraba dentro de los modos silogísticos.

Según la tradición, con estos 24 modos se agotan las conclusiones valederas. Para comprobar esta afirmación debemos demostrar que los productos $\rho|\sigma$, que no aparecen en nuestra tabla de multiplicar, *no son conclusivos,* es decir, que no permiten conclusiones de la forma $\rho|\sigma \subseteq \tau$. Puesto que de los 36 posibles productos de la tabla están calculados ya 15, quedan por estudiar los 21 productos restantes. Cinco de ellos están situados sobre la diagonal principal que va de arriba abajo y de izquierda a derecha, son los: $a \mid \tilde{a}$, $i \mid i$, $e \mid e$, $\tilde{o} \mid o$, $o \mid \tilde{o}$. De los 16 restantes sólo hay que estudiar la mitad, por ejemplo, los $a \mid i$, $a \mid o$, $\tilde{a} \mid \tilde{o}$, $i \mid \tilde{o}$, $i \mid \tilde{o}$, $e \mid o$, $e \mid \tilde{o}$, $\tilde{o} \mid \tilde{o}$, situados encima de la diagonal principal, porque los restantes son sus productos conversos.

Demostraremos que los cuatro productos siguientes:

$$a \mid \tilde{a}, \quad a \mid o, \quad \tilde{a} \mid \tilde{o}, \quad e \mid e, \tag{2.23}$$

no son conclusivos. La no conclusividad de los restantes productos es consecuencia de la de éstos. Por ejemplo, si fuese $a \mid i$ conclusiva, es decir, si se verificase $a \mid i \subseteq \tau$ para un cierto τ, de (2.21) se deduciría inmediatamente la validez de $a \mid \tilde{a} \subseteq \tau$. Análogamente, de la no conclusividad de $a \mid \tilde{a}$, se deduce la de $i \mid i$. Mediante (2.21) se deduce de la no conclusividad de $a \mid o$ y $\tilde{a} \mid \tilde{o}$, la no conclusividad de $i \mid o$ y de $i \mid \tilde{o}$ y de la no conclusividad de $e \mid e$ se deduce la misma propiedad para las $e \mid o$, $e \mid \tilde{o}$, $\tilde{o} \mid o$, $o \mid \tilde{o}$, $\tilde{o} \mid \tilde{o}$. Por tanto, basta estudiar los cuatro productos (2.23). Si para un producto $\rho \mid \sigma$ se verifica:

$$\rho \mid \sigma \subseteq a \quad \text{o bien} \quad \rho \mid \sigma \subseteq \tilde{a},$$

en virtud de (2.21) también valdría

$$\rho \mid \sigma \subseteq i.$$

Si se verificase

$$\rho \mid \sigma \subseteq e,$$

también valdrían

$$\rho \mid \sigma \subseteq o \quad \text{y} \quad \rho \mid \sigma \subseteq \tilde{o}.$$

En consecuencia, para demostrar la no conclusividad de un producto $\rho \mid \sigma$, basta comprobar la *invalidez* de las siguientes conclusiones:

$$\rho \mid \sigma \subseteq i, \quad \rho \mid \sigma \subseteq o, \quad \rho \mid \sigma \subseteq \tilde{o}.$$

Por ejemplo, decir que no vale $\rho \mid \sigma \subseteq i$, expresa que de «$P \rho M$ y $M \sigma Q$» no se puede concluir $P i Q$. Por tanto, deben existir predicados P, M y Q, tales que $P \rho M$ y $M \sigma Q$ sean verdaderas y $P i Q$ falsa, con lo que $P e Q$ será verdadera. Con otras palabras:

La forma proposicional

$$P \rho M \quad \text{y} \quad M \sigma Q \quad \text{y} \quad P e Q \tag{2.24}$$

debe ser *verificable.*

Para los productos (2.23) habrá que demostrar también que es verificable la forma proposicional

$$P\,\rho\,M \quad \text{y} \quad M\,\sigma\,Q \quad \text{y} \quad P\,a\,Q. \tag{2.25}$$

De ella se deduce la invalidez de la conclusión $\rho\,|\,\sigma \subseteq o$. Si fuese válida esta conclusión, la verificación de (2.25) daría dos predicados P y Q, con $P\,a\,Q$ y $P\,o\,Q$. Por ser $o = \tilde{a}\,|\,e$ habría un predicado N con $P\,a\,Q$ y $P\,\tilde{a}\,N$ y $N\,e\,Q$. De aquí se deduciría $N\,a\,P$ y $P\,a\,Q$, en consecuencia $N\,a\,Q$, por bárbara, y $N\,i\,Q$ por (2.21), pero «$N\,e\,Q$ y $N\,i\,Q$» es una contradicción, pues definimos a e como negación de i.

Correspondientemente se deduce de la verificabilidad de la forma proposicional

$$P\,\rho\,M \quad \text{y} \quad M\,\sigma\,Q \quad \text{y} \quad P\,\tilde{a}\,Q \tag{2.26}$$

la no validez de la conclusión $\rho\,|\,\sigma \subseteq \tilde{o}$.

En consecuencia, falta demostrar, para los cuatro productos (2.23), la verificabilidad de las formas proposicionales (2.24)-(2.26). Para ello, es suficiente encontrar cuatro predicados $\mathcal{P}_1$, $\mathcal{P}_2$, $\mathcal{P}_3$, $\mathcal{P}_4$, para los que valgan

$$\mathcal{P}_1\,e\,\mathcal{P}_2, \qquad \mathcal{P}_1\,a\,\mathcal{P}_3, \qquad \mathcal{P}_2\,a\,\mathcal{P}_3, \qquad \mathcal{P}_3\,e\,\mathcal{P}_4. \tag{2.27}$$

La existencia de estos predicados será el tercer *axioma* en nuestra exposición de la Silogística.

Por ejemplo, Aristóteles utilizaba los predicados: hombre, caballo, ser vivo, piedra. En estas condiciones, puede darse la siguiente figura intuitiva de las proposiciones (2.27):

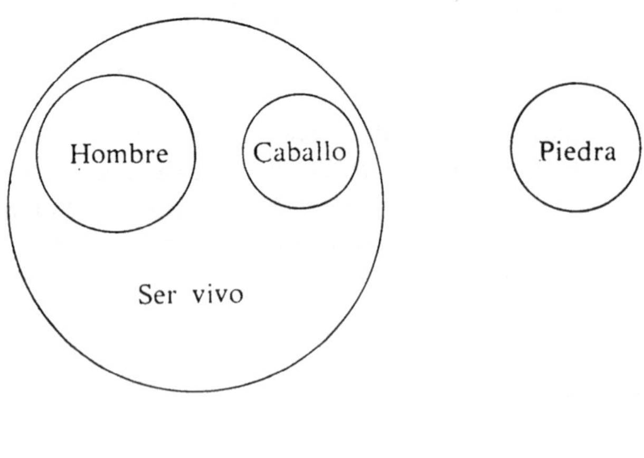

La verificabilidad de la forma proposicional

$$P\rho M \quad \text{y} \quad M\sigma Q \quad \text{y} \quad P\tau Q$$

por tres predicados, que deben colocarse en los lugares de P, M y Q, se deduce de la tabla siguiente:

ρ	σ	τ	P	M	Q
a	$\tilde{a}$	e	hombre	ser vivo	caballo
a	$\tilde{a}$	a	piedra	piedra	piedra
a	$\tilde{a}$	$\tilde{a}$	piedra	piedra	piedra
a	o	e	hombre	hombre	caballo
a	o	a	hombre	ser vivo	hombre
a	o	$\tilde{a}$	hombre	ser vivo	hombre
$\tilde{a}$	$\tilde{o}$	e	hombre	hombre	caballo
$\tilde{a}$	$\tilde{o}$	a	ser vivo	hombre	ser vivo
$\tilde{a}$	$\tilde{o}$	$\tilde{a}$	ser vivo	hombre	ser vivo
e	e	e	hombre	caballo	piedra
e	e	a	hombre	caballo	hombre
e	e	$\tilde{a}$	hombre	caballo	hombre

La demostración de que (2.22) comprende todos los silogismos débiles se hace por refutación de las siguientes implicaciones:

$$e \subseteq i, \quad a \subseteq o, \quad a \subseteq \tilde{o}, \quad a \subseteq \tilde{a}, \quad o \subseteq \tilde{o},$$

lo cual puede hacerse con los métodos ya desarrollados. Con ello queda demostrado *que las veintiún conclusiones dadas comprenden la totalidad de silogismos normados existentes.* Por consiguiente, los veinticuatro modos tradicionales constituyen también todas las conclusiones posibles en las cuatro figuras.

2
lógica clásica de juntores

3. Conjunción y negación

El estudio de la Lógica de Juntores comenzó, históricamente, en la escuela fundada por EUCLIDES DE MEGARA (alrededor de 400 a. de J. C.) y fue desarrollada en la Stoa (particularmente por CHRYSIPPO, alrededor de 250 a. de J. C.), como complemento a la Silogística *aristotélica*. La Lógica megárica-estoica partió del estudio de la *conjunción* «y» y de la *negación* «no» e investigó las implicaciones entre proposiciones formadas con estos juntores. La necesidad de ampliar el campo de la Silogística venía del hecho de que ARISTÓTELES, en la demostración de la validez o invalidez de los silogismos, empleó conclusiones de la lógica de juntores sin haberlas formulado explícitamente como conclusiones lógicas.

También la exposición de la Silogística, dada en el capítulo 1, que en lo demás difiere de la exposición *aristotélica*, tiene la propiedad de utilizar «ingenuamente» conclusiones lógicas que no pertenecen a la Silogística. La conjunción «y» aparece ya en la formulación de los silogismos:

$$P \rho M \quad \text{y} \quad M \sigma Q \prec P \tau Q.$$

Si representamos las proposiciones del anterior silogismo por las variables *a, b, c,* la forma del silogismo se puede representar por:

$$a \quad \text{y} \quad b \prec c.$$

Naturalmente, la anterior no es una conclusión lógica más, pero si, por ejemplo, se reemplaza *c* por *a* ó *b,* se tienen

$$a \quad \text{y} \quad b \prec a$$
$$a \quad \text{y} \quad b \prec b$$

y con ellos los primeros ejemplos de conclusiones de la Lógica de juntores.

Siguiendo a HEYTING (1930), emplearemos para la conjunción «y» el símbolo $\wedge$:

$$\wedge \rightleftharpoons y. \qquad (3.1)$$

En su lugar PEANO escribía $\frown$, mientras que BOOLE o HILBERT empleaban para la conjunción $\cdot$, o bien &. Todavía no se ha impuesto para las partículas lógicas un simbolismo unificado. La conjunción de $a \wedge b$ con c se representa por $(a \wedge b) \wedge c$. Más abreviadamente escribiremos $a \wedge b \dot{\wedge} c$: la conjunción señalada con el punto liga más débilmente que la otra. Correspondientemente escribiremos, por ejemplo, $a \ddot{\wedge} b \wedge c \dot{\wedge} d$, en lugar de $a \wedge [(b \wedge c) \wedge d]$ (cuantos más puntos, más débil es el enlace). También aquí vale una regla asociativa:

$$a \wedge b \dot{\wedge} c \asymp a \dot{\wedge} b \wedge c,$$

por consiguiente, cuando no sea preciso distinguir fórmulas equivalentes lógicas, puede prescindirse del uso de paréntesis y puntos en las conjunciones de varios términos.

Para la negación «no» emplearemos, siguiendo a HEYTING (1930), el símbolo $\neg$, por tanto:

$$\neg \rightleftharpoons \text{no}. \qquad (3.2)$$

Este signo debe recordar el menos de la Aritmética. PEANO escribía $-a$; después de RUSSELL es frecuente utilizar $\sim a$. Resulta cómoda la manera de escribir empleada por HILBERT, el cual expresaba la negación mediante un trazo colocado encima de la proposición. Por ejemplo, puede escribirse en lugar de $\neg(a \wedge b)$ sin paréntesis, $\overline{a \wedge b}$. Si se utiliza el signo $\neg$, para simplificar la escritura reemplazaremos el paréntesis por un punto; por ejemplo, pondremos $\neg \cdot a \wedge b$, en lugar de $\neg(a \wedge b)$.

Haciendo uso de conjunción y negación y partiendo de las variables proposicionales $a, b, \ldots$, pueden formarse gran número de formas proposicionales, por ejemplo:

$$\neg a \wedge \neg b, \qquad \neg \neg \cdot \neg a \wedge b \cdot \wedge \neg c.$$

Nuestro problema consiste en estudiar las *implicaciones* $A \prec B$ (A se llama *implicante, B implicado*) entre todas estas formas proposicionales. Para las formas proposicionales que hemos de estudiar, utilizaremos nuevas variables: las letras A, B, C, etc. Debe resaltarse que ahora hablamos de formas proposicionales (precisamente de las implicaciones entre ellas). Las variables que utilizaremos para representarlas no deben confundirse con las variables $a, b, c, \ldots$, que representan las proposiciones que aparecen en las formas proposicionales. En concordancia con la denominación de *metaidioma,* que se da a un idioma en el que se habla de otro idioma, designaremos abreviadamente a las variables $A, B, C, \ldots$ por *metavariables.* El símbolo de negación de HILBERT, que emplearemos con frecuencia, se define haciendo uso de las metavariables por

$$\overline{A} \rightleftharpoons \neg A. \tag{3.3}$$

Varias de las implicaciones entre formas proposicionales, compuestas con $\wedge$ y $\overline{}$, las utilizamos implícitamente en el epígrafe 2. Por ejemplo, para la simetría de la relación i, utilizamos:

$$A \wedge B \asymp B \wedge A \tag{3.4}$$

y para deducir de ella la simetría de e hicimos uso de la regla

$$si\ A \asymp B,\ entonces\ \overline{A} \asymp \overline{B}. \tag{3.5}$$

Para la demostración de (2.15) partimos de una implicación de la forma $A \wedge B \prec C$ (exactamente de $P\,i\,M \wedge M\,a\,Q \prec P\,i\,Q$) y dedujimos de ella $A \wedge \overline{C} \prec \overline{B}$.

Por tanto, aplicamos la *regla de contraposición:*

$$si\ A \wedge B \prec C,\ entonces\ A \wedge \overline{C} \prec \overline{B}. \tag{3.6}$$

Para demostrar la no validez de ciertos modos —véase (2.25)— pasamos de $P\,a\,Q$ sobre $\overline{P\,o\,Q}$, porque de $P\,a\,Q \wedge P\,o\,Q$ se deduce una contradicción, es decir, una proposición de la forma $C \wedge \overline{C}$. En este caso utilizamos la *ley de contradicción:*

$$si\ A \wedge B \prec C\ \ y\ \ A \wedge B \prec \overline{C},\ entonces\ A \prec \overline{B}. \tag{3.7}$$

También utilizamos, sin hacer mención explícita de ellas, reglas como las:

$$si\ \ A < B\ \ y\ \ B < C,\ \ entonces\ \ A < C \tag{3.8}$$

$$si\ \ C < A\ \ y\ \ C < B,\ \ entonces\ \ C < A \wedge B. \tag{3.9}$$

Para alcanzar una visión general sobre la totalidad de las implicaciones entre las formas proposicionales consideradas, emplearemos de nuevo el *método axiomático.* Partiremos de algunas *implicaciones* y *reglas fundamentales,* notables por su sencillez, y estudiaremos las consecuencias que se deducen de estos *axiomas.*

Ya en la antigüedad (véase BOCHENSKI, 1956) conocían sistemas de axiomas que permitían deducir todas las implicaciones. Aunque no se conservan exactamente los sistemas de axiomas empleados en la antigüedad, no obstante puede decirse del sistema de axiomas que daremos a continuación, que es muy semejante a ellos.

Sistema de axiomas para «y» y «no»:

A 1: $A < A$
A 2: *Si* $A < B$ *y* $B < C$, *entonces* $A < C$
A 3: $A \wedge B < A$
A 4: $A \wedge B < B$
A 5: *Si* $C < A$ *y* $C < B$, *entonces* $C < A \wedge B$
A 6: *Si* $A \wedge \overline{B} < \overline{C}$, *entonces* $A \wedge C < B$.

Cuando en estos axiomas se reemplazan las metavariables de las implicaciones fundamentales A 1, A 3 y A 4, por formas proposicionales, se obtienen implicaciones entre formas proposicionales, por ejemplo, de A 3, se obtiene:

$$a \wedge \overline{b} \mathbin{\dot{\wedge}} c < a \wedge \overline{b}.$$

En estas condiciones, las reglas fundamentales A 2, A 5 y A 6, permiten deducir, de las implicaciones obtenidas, otras nuevas.

Las implicaciones y reglas, de las que hemos hecho mención hasta ahora y no están incluidas en los axiomas, pueden demostrarse a partir de los axiomas. Comenzaremos con:

$$si\ \ A \wedge A < B,\ \ entonces\ \ A < B. \tag{3.10}$$

DEMOSTRACIÓN:

0.	$A \wedge A < B$	
1.	$A < A$	A 1
2.	$A < A$	A 1
3.	$A < A \wedge A$	de 1,2 y A 5
4.	$A < B$	de 0,3 y A 2.

Los pasos de la demostración aparecen numerados. De la «hipótesis» 0. se deducen, mediante los axiomas, la serie de fórmulas 1.—4.

Demostraremos ahora que para toda forma proposicional A, son siempre equivalentes A y $\overline{\overline{A}}$:

$$\overline{\overline{A}} < A \tag{3.11}$$

1.	$\overline{\overline{A}} \wedge \overline{\overline{\overline{A}}} < \overline{\overline{A}}$	A 3
2.	$\overline{\overline{A}} \wedge \overline{A} < \overline{\overline{\overline{A}}}$	A 6
3.	$\overline{\overline{A}} \wedge \overline{\overline{A}} < A$	A 6
4.	$\overline{\overline{A}} < A$	(3.10)

$$A < \overline{\overline{A}} \tag{3.12}$$

1.	$A \wedge \overline{\overline{\overline{A}}} < \overline{\overline{\overline{A}}}$	A 4
2.	$A \wedge \overline{\overline{\overline{A}}} < \overline{A}$	de (3.11), 1 y A 2
3.	$A \wedge A < \overline{\overline{A}}$	A 6; 2
4.	$A < \overline{\overline{A}}$	(3.10), 3.

De la conjunción de (3.11) y (3.12) se deduce la equivalencia $A \asymp \overline{\overline{A}}$.

De la anterior se deduce la *regla de la doble negación,* que expresa el hecho de que si en cualquier lugar de una proposición se prescinde de una doble negación, se obtiene siempre una proposición equivalente a la dada. Debido a la equivalencia de A y $\overline{\overline{A}}$, basta demostrar las reglas siguientes:

$$\textit{si} \quad A \asymp B, \quad \textit{entonces} \quad A \wedge C \asymp B \wedge C \tag{3.13}$$

$$\textit{si} \quad A \asymp B, \quad \textit{entonces} \quad C \wedge A \asymp C \wedge B \tag{3.14}$$

$$\textit{si} \quad A \asymp B, \quad \textit{entonces} \quad \overline{A} \asymp \overline{B}. \tag{3.15}$$

De ellas se deduce que *cuando en cualquier lugar de una proposición se reemplaza una proposición parcial por otra equivalente, se obtiene siempre una proposición equivalente.* Para ver esto basta poner de manifiesto que la proposición total está construida mediante proposiciones parciales unidas por conjunciones y negaciones.

Las demostraciones de (3.13) y (3.14) son igualmente triviales que la de (3.10). En lo sucesivo no nos ocuparemos de este tipo de demostraciones.

Respecto a (3.15) basta demostrar:

$$\textit{si}\quad A < B, \quad \textit{entonces}\quad \overline{B} < \overline{A} \tag{3.16}$$

DEMOSTRACIÓN:

0.	$A < B$	
1.	$\overline{B} \wedge \overline{\overline{A}} < \overline{\overline{A}}$	A 4
2.	$\overline{B} \wedge \overline{\overline{A}} < A$	A 2 (3.11), 1
3.	$\overline{B} \wedge \overline{\overline{A}} < B$	A 2; 0, 2
4.	$\overline{B} \wedge \overline{\overline{A}} < \overline{\overline{B}}$	A 2 (3.12), 3
5.	$\overline{B} \wedge \overline{B} < \overline{A}$	A 6; 4
6.	$\overline{B} < \overline{A}.$	(3.10), 5

Queda así demostrada la *regla de sustitución* para proposiciones parciales equivalentes y, como caso particular, la regla de la doble negación. De la anterior y A 6, se deduce inmediatamente la *regla de contraposición* (3.6).

Para la conjunción conocemos ya las siguientes equivalencias:

$$A \wedge A \asymp A$$

$$A \wedge B \asymp B \wedge A$$

$$A \wedge B \dot{\wedge} C \asymp A \dot{\wedge} B \wedge C.$$

La demostración de las tres es trivial. Naturalmente, cada una de estas equivalencias da lugar a una regla de sustitución.

Para demostrar la *regla de contradicción* (3.7), partiremos de:

$$A \wedge \overline{A} < B \tag{3.17}$$

DEMOSTRACIÓN:

1. $\overline{A} \wedge \overline{B} < \overline{A}$ A 3

2. $\overline{A} \wedge A < B$ A 6, 1.

A este teorema, según el cual de una contradicción se deduce lógicamente cualquier proposición, se le denomina *paradoja de las implicaciones lógicas.* Como muestra su demostración, se trata de una sencilla consecuencia de la regla de contraposición y, por tanto, debe impugnarse aquélla si no se quiere admitir (3.17).

Una proposición que implique lógicamente todas las proposiciones la denominaremos *lógicamente falsa.* Siguiendo a PEANO, emplearemos para representar las proposiciones lógicamente falsas la variable $\curlywedge$ *(falsum).* Entonces se verifica

$$\curlywedge < A \quad \textit{(ex falso quodlibet).} \tag{3.18}$$

En particular se verifica $\curlywedge < \overline{A}$, y de ésta, mediante contraposición (3.16) se deduce $A < \overline{\curlywedge}$. La negación de una proposición lógicamente falsa, por ejemplo, $\overline{C \wedge \overline{C}}$, es implicada por cualquier proposición. Una proposición que tiene la anterior propiedad la denominaremos *lógicamente verdadera.* Las proposiciones lógicamente verdaderas las representaremos, siguiendo de nuevo a PEANO, por la variable $\curlyvee$ *(verum).* Entonces vale

$$A < \curlyvee \quad \textit{(ex quodlibet verum).} \tag{3.19}$$

La regla de contradicción (3.7) aparece ahora como un caso particular de la de contraposición. En efecto, de las premisas $A \wedge B < C$ y $A \wedge B < \overline{C}$ se deduce $A \wedge B < \curlywedge$, y de ésta, por contraposición, $A \wedge \curlyvee < \overline{B}$, es decir, $A < \overline{B}$.

De las (3.18) y (3.19) se deducen las equivalencias

$$\curlywedge \wedge A \asymp \curlywedge \tag{3.20}$$

$$\curlyvee \wedge A \asymp A, \tag{3.21}$$

que recuerdan las igualdades aritméticas

$$0 \cdot a = 0$$
$$1 \cdot a = a.$$

Por este motivo es frecuente emplear 0 ó 1 en lugar de ⅄ ó Υ y también es frecuente llamar a la conjunción *producto lógico.*

4. Adjunción

Ya la *Lógica megárica-estoica* consideraba, además de la conjunción, otros juntores, que ligaban dos proposiciones para dar lugar a una nueva proposición. Estos juntores pueden definirse con ayuda de la conjunción y negación:

$$A \curlyvee B \rightleftharpoons \overline{A \wedge B}. \tag{4.1}$$

El símbolo empleado para representar este juntor procede de PEIRCE (1880), y siguiendo a los *Principia Mathematica* se le designa generalmente por vertical | de SHEFFER. Este juntor fue llamado ocasionalmente por los estoicos latinos *disjunción,* que concuerda bien con el sentido primitivo de *disjungere.* También en la actualidad se dice que dos clases son disjuntas cuando carecen de elementos comunes. Junto a esta disjunción aparece también una «*disjunción total*»:

$$A \sqcup B \rightleftharpoons A \curlyvee B \wedge \overline{A} \curlyvee \overline{B} \tag{4.2}$$

en la que, por tanto—en caso de veracidad—, también las negaciones son disjuntas (en sentido de $\curlyvee$). El símbolo $\sqcup$ puede interpretarse a través de «ó-ó». Se expresa «*A* ó *B* ó *C*» mediante

$$A \sqcup B \sqcup C \dot{\wedge} \overline{A \wedge B \wedge C}.$$

En la *Stoa* sólo ocasionalmente, en la *Escolástica* muy frecuentemente, aparecía la «disjunción»

$$A \vee B \rightleftharpoons \overline{A} \curlyvee \overline{B}. \tag{4.3}$$

$A \vee B$ es verdadera precisamente cuando, por lo menos, una de las proposiciones *A* ó *B* es verdadera. El símbolo $\vee$, introducido por RUSSELL, puede traducirse por «ó», añadiendo (para distinguirlo de $\sqcup$) que no debe ser excluido el caso en que ambas proposiciones sean verdaderas. Por este motivo se designa frecuentemente a $\vee$ «*disjunción no-excluyente*». En consecuencia, $A \vee B$ es una disjunción en la que *A* y *B* no necesitan ser disjuntas. Esta costumbre de designar a $\vee$ con la palabra «disjunción» será evitada en lo sucesivo, y la denominaremos (siguiendo a BEHMANN, 1939) *adjunción.*

La primitiva disjunción puede representarse con ayuda de la adjunción por

$$A \curlyvee B \asymp \overline{A} \vee \overline{B}. \tag{4.4}$$

En consecuencia, $\curlyvee$ es la adjunción de las negaciones, brevemente: la *adjunción negativa.* Para la disjunción total

$$A \sqcup B \asymp A \vee B \dot{\wedge} \overline{A} \vee \overline{B} \tag{4.5}$$

encontraremos más adelante otro nombre.

El más importante de los nuevos juntores es $\vee$. Para él valen teoremas que corresponden a los axiomas existentes para la conjunción:

$$A < A \vee B \tag{4.6}$$

$$B < A \vee B \tag{4.7}$$

$$\text{si } A < C \text{ y } B < C, \text{ entonces } A \vee B < C. \tag{4.8}$$

La (4.6) procede de

$$\overline{A} \wedge \overline{B} < \overline{A},$$

y la (4.7) de

$$\overline{A} \wedge \overline{B} < \overline{B},$$

por contraposición. Para demostrar (4.8) se parte de $A < C$ y $B < C$, y por contraposición se obtienen $\overline{C} < \overline{A}$ y $\overline{C} < \overline{B}$ y de éstas, mediante A 5, se llega a $\overline{C} < \overline{A} \wedge \overline{B}$. Por nueva contraposición resulta $A \vee B < C$.

En lugar de introducir $A \vee B$ por la definición (4.3), se pueden añadir las (4.6)-(4.8), como nuevos axiomas, a los ya conocidos A 1-A 6. En estas condiciones, la equivalencia

$$A \vee B \asymp \overline{\overline{A} \wedge \overline{B}} \tag{4.9}$$

puede demostrarse del siguiente modo:

Para,

$$A \vee B < \overline{\overline{A} \wedge \overline{B}}$$

en virtud de (4.8) basta

$$A < \overline{\overline{A} \wedge \overline{B}}$$

y

$$B < \overline{\overline{A} \wedge \overline{B}}$$

las cuales demostramos anteriormente.

Para

$$\overline{\overline{A} \wedge \overline{B}} < A \vee B$$

basta

$$\overline{A \vee B} < \overline{A} \wedge \overline{B}$$

por tanto, teniendo en cuenta A 5,

$$\overline{A \vee B} < \overline{A}$$

y

$$\overline{A \vee B} < \overline{B}.$$

Ambas implicaciones se deducen por contraposición de (4.6) y (4.7). La equivalencia (4.9) y la que se deduce de ella por aplicación de doble negación

$$A \wedge B \asymp \overline{\overline{A} \vee \overline{B}}$$

se denominan *equivalencias de* DE MORGAN, y eran conocidas ya por los *lógicos medievales.*

Los nuevos axiomas (4.6)–(4.8) se obtienen de los axiomas A 3–A 5 permutando los símbolos $\wedge$ y $\vee$ e invirtiendo al propio tiempo las implicaciones. A este proceso, en el que los eventuales símbolos de negación deben permanecer invariantes, se le denomina «*dualización*». *Por dualización se obtiene siempre, de una implicación lógica, una nueva implicación lógica.* Este *principio de dualización* se deduce del hecho de que los axiomas, por tanto, las implicaciones y reglas fundamentales, se transforman por dualización en teoremas. Nos falta por demostrar esta propiedad para A 6:

$$\text{si } \overline{A} < \overline{B} \vee C, \text{ entonces } B < A \vee C. \qquad (4.10)$$

DEMOSTRACIÓN:

$$
\begin{aligned}
&0. \quad \overline{A} < \overline{B} \vee C \\
&1. \quad B \wedge \overline{C} < A \\
&2. \quad \overline{A} \wedge \overline{C} < \overline{B} \\
&3. \quad B < \overline{\overline{A} \wedge \overline{C}}.
\end{aligned}
$$

Con ayuda de la regla de doble negación se deducen las restantes formas de contraposición.

Para la negación valen, juntamente con los axiomas A 1–A 5, (4.6)–(4.8) de la conjunción y adjunción, en lugar de las reglas de contraposición A 6 ó (4.10) las siguientes *reglas de trasposición*, descubiertas por PEIRCE, y que tomaremos como axiomas:

$$\text{si} \quad A \wedge B < C, \quad \text{entonces} \quad A < \overline{B} \vee C \tag{4.11}$$

$$\text{si} \quad A < B \vee C, \quad \text{entonces} \quad A \wedge \overline{B} < C. \tag{4.12}$$

Las líneas 0.–2. de la demostración de (4.10) dan (4.12). La (4.11) se demuestra por dualización de la anterior.

Recíprocamente, también las reglas de trasposición bastan para demostrar las reglas de contraposición, pues toda contraposición puede originarse mediante dos trasposiciones.

También el teorema de la doble negación es consecuencia de las reglas de trasposición:

$$
\begin{aligned}
&1. \quad \curlyvee \wedge A < A \\
&2. \quad \curlyvee < A \vee \overline{A} \\
&3. \quad \curlyvee \wedge \overline{\overline{A}} < A \\
&4. \quad \overline{\overline{A}} < A
\end{aligned}
$$

Correspondientemente:

$$
\begin{aligned}
&1. \quad A < A \vee \curlywedge \\
&2. \quad A \wedge \overline{A} < \curlywedge \\
&3. \quad A < \curlywedge \vee \overline{\overline{A}} \\
&4. \quad A < \overline{\overline{A}}.
\end{aligned}
$$

En el último paso se ha utilizado el dual de (3.21), es decir:

$$A \asymp A \vee \curlywedge. \tag{4.13}$$

En los procesos de dualización, naturalmente deben permutarse los símbolos $\curlyvee$ y $\curlywedge$, eventualmente existentes, de este modo se pasa de (3.18) a (3.19), y viceversa. El dual de (3.20) es

$$\curlyvee \asymp A \vee \curlyvee. \tag{4.14}$$

Finalmente, las reglas de trasposición se utilizan para demostrar la propiedad *distributiva* de $\wedge$ respecto a $\vee$ y de $\vee$ respecto a $\wedge$:

$$\begin{aligned} A \vee B \mathbin{\dot{\wedge}} C &\asymp A \wedge C \mathbin{\dot{\vee}} B \wedge C \\ A \wedge B \mathbin{\dot{\vee}} C &\asymp A \vee C \mathbin{\dot{\wedge}} B \vee C. \end{aligned} \tag{4.15}$$

En primer lugar, debe observarse que

$$A \wedge B \mathbin{\dot{\vee}} C < A \vee C \mathbin{\dot{\wedge}} B \vee C \tag{4.16}$$

y su dual

$$A \wedge C \mathbin{\dot{\vee}} B \wedge C < A \vee B \mathbin{\dot{\wedge}} C \tag{4.17}$$

se deducen sin utilizar la negación. Después, en virtud de A 5 y (4.8), se descompone, por ejemplo (4.16), en las cuatro implicaciones triviales

$$\begin{aligned} A \wedge B &< A \vee C \\ A \wedge B &< B \vee C \\ C &< A \vee C \\ C &< B \vee C. \end{aligned}$$

Para la demostración de

$$A \vee B \mathbin{\dot{\wedge}} C < A \wedge C \mathbin{\dot{\vee}} B \wedge C$$

—teniendo en cuenta la regla de trasposición—basta con demostrar

$$A \vee B < \overline{C} \mathbin{\dot{\vee}} A \wedge C \mathbin{\dot{\vee}} B \wedge C.$$

Para ello, hay que demostrar

$$A < \overline{C} \dot{\vee} A \wedge C \dot{\vee} B \wedge C$$

y

$$B < \overline{C} \dot{\vee} A \wedge C \dot{\vee} B \wedge C.$$

Ambas se deducen por trasposición de las implicaciones triviales

$$A \wedge C < A \wedge C \dot{\vee} B \wedge C$$

$$B \wedge C < A \wedge C \dot{\vee} B \wedge C.$$

Considerando conjuntamente el resultado obtenido con el que resulta de dualizar esta demostración, se obtiene (4.15).

De cada una de las leyes distributivas se deduce la *regla de separación,* que procede de PEIRCE (el nombre es debido a GENTZEN, 1934):

$$\text{si } A < B \vee C \text{ y } A \wedge B < C, \text{ entonces } A < C. \qquad (4.18)$$

DEMOSTRACIÓN:

0_1. $A < B \vee C$
1. $A < A \wedge B \vee C$
2. $A < A \wedge B \vee A \wedge C$
0_2. $A \wedge B < C$
3. $A < C \vee A \wedge C$
2. $A < C.$

La regla de separación es *auto-dual,* es decir, se transforma por dualización en sí misma. Por consiguiente, si dualizamos la anterior demostración obtendremos una demostración de la regla de separación basada en la ley distributiva de $\vee$ respecto a $\wedge$. Recíprocamente, de la regla de separación—también ahora sin negación—se deducen ambas leyes distributivas. Por ejemplo, para demostrar

$$A \vee B \dot{\wedge} C < A \wedge C \dot{\vee} B \wedge C$$

teniendo en cuenta la regla de separación, basta demostrar

$$A \vee B \dot{\wedge} C \wedge A < A \wedge C \dot{\vee} B \wedge C$$

y

$$A \vee B \dot{\wedge} C < A \wedge C \dot{\vee} B \wedge C \dot{\vee} A.$$

La primera implicación es trivial (por aparecer en los dos miembros $A \wedge C$); para demostrar la segunda, teniendo de nuevo en cuenta la regla de separación, basta con

$$A \vee B \dot{\wedge} C \wedge B < A \wedge C \vee B \wedge C \dot{\vee} A$$

y

$$A \vee B \dot{\wedge} C < A \wedge C \vee B \wedge C \dot{\vee} A \vee B.$$

Ahora estas dos implicaciones son triviales.

Disponiendo de la regla de separación, para la negación basta utilizar las implicaciones ya mencionadas:

$$A \wedge \overline{A} < \curlywedge \quad \text{y} \quad \curlyvee < A \vee \overline{A} \tag{4.19}$$

en lugar de las reglas de contraposición o trasposición. Las reglas de trasposición pueden demostrarse ahora así:

0.	$A \wedge B < C$	
1.	$A \wedge B < \overline{B} \vee C$	
2.	$A < B \vee \overline{B} \vee C$	(4.19)
3.	$A < \overline{B} \vee C$	(4.18); 1, 2

Añadiremos aún una equivalencia auto-dual que utilizaremos en el epígrafe 5:

$$A \wedge C \vee B \wedge \overline{C} \asymp A \vee \overline{C} \wedge B \vee C. \tag{4.20}$$

Demostración: La $<$-implicación es trivial. Para demostrar la $>$-implicación se expresa el segundo miembro en forma de «*producto*» mediante las adjunciones de los cuatro términos:

$$A \wedge B, \quad A \wedge C, \quad B \wedge \overline{C}, \quad \overline{C} \wedge C.$$

Cada uno de estos términos implica el primer miembro. Esta propiedad es no trivial, únicamente en lo que respecta a $A \wedge B$. En este caso, el primer miembro se expresa en forma de *producto* mediante las conjunciones de los términos

$$A \vee B, \quad A \vee \overline{C}, \quad B \vee C, \quad C \vee \overline{C}.$$

Trivialmente todos estos términos son implicados por $A \wedge B$.

5. El sistema de juntores

Podemos definir dos nuevos juntores, $\curlywedge$ y $\sqcap$, duales de los $\curlyvee$ y $\sqcup$ estudiados en el epígrafe 4:

$$A \curlywedge B \rightleftharpoons \overline{A} \wedge \overline{B} \qquad (5.1)$$

$$A \sqcap B \rightleftharpoons A \wedge B \vee \overline{A} \wedge \overline{B}. \qquad (5.2)$$

Por consiguiente, el símbolo $\curlywedge$ representa la *conjunción negativa*, es decir, la conjunción de las negaciones *(«joint denial»)*. Este símbolo $\curlywedge$ fue introducido por PEIRCE (1880). El juntor $\sqcap$ se designa generalmente con el nombre de *«equivalencia material»*. Este nombre equívoco procede de los *Principia Mathematica*. Allí se representaba por $\equiv$ en luegar de $\sqcap$; HILBERT por su parte lo representaba por $\sim$.

En todas sus acepciones, la palabra «equivalencia» expresa una relación entre dos términos, en tanto que aquí se trata de un juntor, mediante el cual, a partir de dos proposiciones se forma una nueva proposición. Los juntores son símbolos de funciones, como, por ejemplo, sucede en Aritmética con los símbolos $+$ y $-$ (mediante estos símbolos se indica que a partir de dos números se forma un tercero), no se trata de símbolos de relaciones, como el $<$ en Aritmética, o bien el $\asymp$ de la equivalencia lógica. El motivo por el que se eligió el nombre de «equivalencia material», fue el siguiente: Si A y B son lógicamente equivalentes, entonces $A \sqcap B$ es lógicamente verdadera y recíprocamente. De $A < B$ se deduce por trasposición

$$\Upsilon < \overline{A} \vee B,$$

análogamente, de $B < A$ resulta

$$\Upsilon < A \vee \overline{B}.$$

En consecuencia, de $A \asymp B$ se deduce

$$\Upsilon < \overline{A} \vee B \dot{\wedge} A \vee \overline{B}.$$

En virtud de (4.20) y la definición de $\sqcap$ se verifica:

$$A \sqcap B \asymp \overline{A} \vee B \dot{\wedge} A \vee \overline{B}. \qquad (5.3)$$

Estas conclusiones pueden invertirse, de modo que $A \asymp B$ vale exactamente, cuando se verifica

$$\Upsilon < A \sqcap B.$$

Además de la verdad lógica tenemos la verdad factible, introducida en el epígrafe 1. En principio, la verdad factible está definida únicamente para proposiciones primitivas. ¿Cómo podrá definirse para proposiciones compuestas? Sea $\mathcal{E}$ una de estas proposiciones y $\mathfrak{a}_1$, $\mathfrak{a}_2$, ..., $\mathfrak{b}_1$, $\mathfrak{b}_2$, ..., las proposiciones primitivas que en ella aparecen. Supondremos que las $\mathfrak{a}_1$, $\mathfrak{a}_2$, ..., son verdaderas factibles y las $\mathfrak{b}_1$, $\mathfrak{b}_2$, ..., falsas factibles. Si a partir de las $\mathfrak{a}_1$, $\mathfrak{a}_2$, ..., y $\mathfrak{b}_1$, $\mathfrak{b}_2$, ..., se puede concluir lógicamente la proposición $\mathcal{E}$, es decir, si

$$\mathfrak{a}_1 \wedge \mathfrak{a}_2 \wedge \ldots \wedge \overline{\mathfrak{b}_1} \wedge \overline{\mathfrak{b}_2} \wedge \ldots < \mathcal{E},$$

entonces se dice que la proposición $\mathcal{E}$ es *verdadera factible.* Si la implicada fuera $\overline{\mathcal{E}}$, en lugar de $\mathcal{E}$, entonces esta última es *falsa factible.*

En estas condiciones, según la definición, la proposición $\mathcal{A} \sqcap \mathcal{B}$ es verdadera factible, cuando, por (5.2), sean $\mathcal{A}$ y $\mathcal{B}$ verdaderas factibles, o bien cuando lo sean $\overline{\mathcal{A}}$ y $\overline{\mathcal{B}}$, es decir, cuando $\mathcal{A}$ y $\mathcal{B}$ sean falsas factibles. En consecuencia, $\mathcal{A} \sqcap \mathcal{B}$ es exactamente verdadera factible cuando $\mathcal{A}$ y $\mathcal{B}$ tengan el mismo valor de veracidad; por tanto, cuando sean extensionalmente iguales, en el sentido del epígrafe 1. Esta igualdad extensional la llamaremos ahora, por analogía con la equivalencia lógica, «*equivalencia factible*». Naturalmente, en lugar del término empleado «lógicamente factible», se podrían aplicar otros, por ejemplo, «*formal-material*». Entonces, la igualdad extensional habría que designarla «equivalencia material»; al juntor $\sqcap$, que con ninguna terminología puede ser una relación, se le debe asignar otro nombre.

La (5.3) invita a la introducción de dos nuevos juntores, mediante las

$$A \ulcorner B \rightleftharpoons \overline{A} \vee B \tag{5.4}$$

$$A \urcorner B \rightleftharpoons A \vee \overline{B}, \tag{5.5}$$

de modo que se verifique

$$A \sqcap B \asymp A \ulcorner B \mathbin{\dot{\wedge}} A \urcorner B. \tag{5.6}$$

Como hicimos notar anteriormente, para $\overline{A} \vee B$, por tanto, para $A \ulcorner B$, se verifica que A implica lógicamente a B, exactamente, cuando $A \ulcorner B$ es lógica verdadera. En correspondencia con la equivalencia factible, puede definirse aquí una *implicación factible,* diciendo que $\mathcal{A}$ implica factiblemente a $\mathcal{B}$, exactamente cuando $\mathcal{A} \ulcorner \mathcal{B}$ es verdadera factible. En virtud de (5.4), $\mathcal{A} \ulcorner \mathcal{B}$ es verdadera factible exactamente cuando $\mathcal{A}$ es falsa factible, o bien $\mathcal{B}$ es verdadera factible.

RUSSELL designaba al juntor $\ulcorner$ «*implicación material*» (RUSSELL la representaba por $\subseteq$, en recuerdo del símbolo de inclusión de clases empleado por GERGONNES; HILBERT empleaba para ella el símbolo $\rightarrow$). Se trata de una confusión con la relación de implicación factible definida mediante ella; es algo parecido a lo que sucedería en la Aritmética si designáramos la sustracción como una «igualdad», por el hecho de que $a-b$ es exactamente cero cuando $a=b$.

El juntor $\ulcorner$ fue introducido por FREGE, el cual, en su bidimensional «Begriffsschrift», escribía:

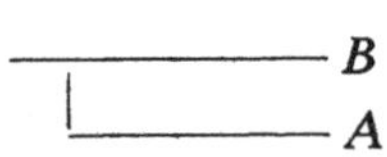

en lugar de $A \ulcorner B$.

Por el contrario, la implicación factible aparece ya en PHILON DE MEGARA. Puesto que en la actualidad es generalmente aceptado, siguiendo a SCHRÖDER, representar la inclusión con el símbolo $\supseteq$, o bien $\subseteq$, a semejanza de los símbolos aritméticos $<$ y $\leqslant$ para las relaciones de orden, por tanto, por una casualidad histórica—con el símbolo opuesto al de GERGONNE. Nosotros adoptamos $\ulcorner$ como simplificación del símbolo de FREGE. Puesto que para FREGE A está subordinado a B, puede proponerse para $\ulcorner$ el término «*subjunción*».

En estas condiciones, designaremos a $\neg$ *subjunción conversa,* y a $\sqcap$ *bisubjunción.* El símbolo $\neg$, como el signo menos en la Aritmética, tiene una doble aplicación. En efecto, a la igualdad

$$-a=0-a$$

le corresponde aquí la equivalencia

$$\neg A \asymp \curlywedge \neg A. \tag{5.7}$$

En virtud de (5.5) $A \wedge \overline{B}$ es la proposición dual de $A \neg B$.

$$A \llcorner B \rightleftharpoons A \wedge \overline{B}. \tag{5.8}$$

Esta función proposicional la llamaremos «*sustracción*», porque en la teoría de conjuntos se define la diferencia entre los conjuntos ρ y σ como el conjunto de elementos x, para los que se verifica

$$x \in \rho \wedge \overline{x \in \sigma}.$$

La *sustracción conversa* se define por

$$A \lrcorner B \rightleftharpoons \overline{A} \wedge B. \tag{5.9}$$

Dual a (5.6) tenemos ahora:

$$A \sqcup B \asymp A \llcorner B \dot{\vee} A \lrcorner B. \tag{5.10}$$

Para evitar el nombre de «disjunción», por los motivos anteriormente indicados, la función proposicional representada por $\sqcup$ la denominaremos «*bisustracción*». Tenemos así un total de 10 juntores, que son:

conjunción	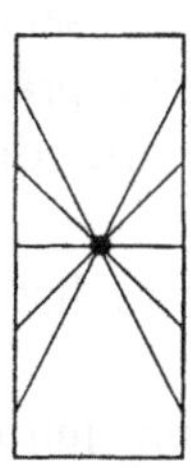	adjunción
subjunción		sustracción conversa
bisubjunción		bisustracción
subjunción conversa		sustracción
conjunción negativa		adjunción negativa

Los juntores que aparecen en la misma fila son mutuamente duales. Los juntores situados en los extremos de una de las líneas que pasan por el centro de la figura se deducen uno de otro por negación, por ejemplo, entre la subjunción y la sustracción existe la relación:

$$\overline{A \mathrel{⌐} B} \asymp A \mathrel{\llcorner} B.$$

Estos juntores deben distinguirse de sus *relaciones* correspondientes. Si representamos por *o* un juntor arbitrario, entenderemos por su relación «correspondiente» la que existe entre A y B, cuando $A\, o\, B$ es lógicamente verdadera.

De la conjunción, conjunción negativa, sustracción y sus conversas, no surgen relaciones importantes: así, por ejemplo, $A \wedge B$ es exactamente lógico-verdadera, cuando A es lógico-verdadera y cuando B es lógico-verdadera. En consecuencia, quedan sólo seis relaciones. De ellas cuatro son simétricas:

A y B se llaman *suplementarias* (lógicas),
cuando $A \vee B$ es lógica-verdadera.

A y B se llaman *contrarias* (lógicas),
cuando $A \curlyvee B$ es lógica-verdadera.

A y B se llaman *equivalentes* (lógicas),
cuando $A \sqcap B$ es lógica-verdadera.

A y B se llaman *contravalentes* (lógicas),
cuando $A \sqcup B$ es lógica-verdadera.

Las relaciones correspondientes a $A \mathrel{⌐} B$ y $A \mathrel{¬} B$ son la implicación (lógica) y la implicación conversa (lógica).

Si en las definiciones anteriores se exige la verdad factible en lugar de la lógica, se obtienen las seis *relaciones factibles* correspondientes. Estas carecen de interés práctico; las citamos únicamente por lo común del equívoco de confundir la subjunción con la implicación factible.

Mostraremos ahora que nuestra lista de diez juntores es, en cierto modo, *completa*.

Siempre que hay definido un juntor *o*, la veracidad factible de

$\mathcal{A}$ *o* $\mathcal{B}$, depende de las implicaciones

$$\begin{aligned} a \wedge b &\prec a \circ b \\ a \wedge \bar{b} &\prec a \circ b \\ \bar{a} \wedge b &\prec a \circ b \\ \bar{a} \wedge \bar{b} &\prec a \circ b \end{aligned} \tag{5.11}$$

que sean válidas. Por tanto, para cada juntor *o* existe una tabla (v=verdadero, f=falso)

a	b	$a \circ b$
v	v	
v	f	
f	v	
f	f	

La última columna hay que completarla poniendo v o bien f, según que la correspondiente implicación (5.11) valga o no. Puesto que la tabla tiene cuatro filas y para completar cada una de ellas existen dos posibilidades, según se ponga v o bien f, en total habrá $2^4=16$ «*tablas de veracidad*».

Si a las 10 formas proposicionales $a \circ b$ (donde *o* representa cualquiera de los 10 juntores), les añadimos $\curlyvee$, $\curlywedge$, a, $\bar{a}$, b, $\bar{b}$, tendremos en total 16 formas proposicionales. La tabla siguiente muestra que estas formas proposicionales dan todas las tablas de veracidad.

$\curlyvee$	$\curlywedge$	a	$\bar{a}$	b	$\bar{b}$	$a \vee b$	$a \curlywedge b$
v	f	v	f	v	f	v	f
v	f	v	f	f	v	v	f
v	f	f	v	v	f	v	f
v	f	f	v	f	v	f	v

a ⌈ b	a ⌊ b	a ⊓ b	a ⊔ b	a ¬ b	a ⌋ b	$a \wedge b$	$a \curlyvee b$
v	f	v	f	v	f	v	f
f	v	f	v	v	f	f	v
v	f	f	v	f	v	f	v
v	f	v	f	v	f	f	v

Si en esta tabla se reemplazan los predicados (metaidiomáticos), *v*, *f* por las fórmulas Υ y ⅄ de nuestro lenguaje de objetos, entonces la tabla nos da las equivalencias de Υ *o* Υ, Υ *o* ⅄, ⅄ *o* Υ, ⅄ *o* ⅄, con Υ y ⅄. Por ejemplo, para la subjunción resulta:

a	*b*	*a* ⌐ *b*
Υ	Υ	Υ
Υ	⅄	⅄
⅄	Υ	Υ
⅄	⅄	Υ

y esta tabla sirve para dar a conocer las siguientes equivalencias lógicas:

Υ ⌐ Υ ≍ Υ
Υ ⌐ ⅄ ≍ ⅄
⅄ ⌐ Υ ≍ Υ
⅄ ⌐ ⅄ ≍ Υ

Las tablas de veracidad se dan a menudo (como tablas de multiplicar) en forma de *matrices*; por ejemplo, para *a* ⌐ *b*:

		b	
	⌐	Υ	⅄
a	Υ	Υ	⅄
	⅄	Υ	Υ

Las tablas de veracidad admiten, finalmente, otra interpretación. Muestran en qué condiciones la proposición $\mathcal{A}$ *o* $\mathcal{B}$ es verdadera-factible. Estas condiciones pueden expresarse a través de una formulación (metaidiomática) (de nuevo utilizaremos como ejemplo la subjunción):

> $\mathcal{A}$ ⌐ $\mathcal{B}$ es verdadera exactamente cuando $\mathcal{A}$ y $\mathcal{B}$ son verdaderas, o cuando $\mathcal{A}$ no, pero $\mathcal{B}$ sí, es verdadera, o cuando $\mathcal{A}$ no es verdadera y $\mathcal{B}$ no es verdadera. (5.12)

En esta formulación vuelven a entrar los juntores lógicos «y», «o», «no». Para la lógica de estos juntores naturalmente es indiferente que el idioma en el que aparecen sea un idioma de objetos o un metaidioma. De este modo, cualquier idioma puede tomarse como objeto de investigación. Por tanto, si simbolizamos (5.12) con los medios que disponemos, tendremos:

$$a \vdash b \asymp a \wedge b \,\dot\vee\, \bar{a} \wedge b \,\dot\vee\, \bar{a} \wedge \bar{b}. \qquad (5.13)$$

Esta equivalencia es facil de verificar. En principio es:

$$a \wedge b \,\dot\vee\, \bar{a} \wedge b \asymp a \vee \bar{a} \,\dot\wedge\, b \asymp \curlyvee \wedge b \asymp b$$

y, además,

$$b \,\dot\vee\, \bar{a} \wedge \bar{b} \asymp b \vee \bar{a} \,\dot\wedge\, b \vee \bar{b} \asymp \bar{a} \vee b \,\dot\wedge\, \curlyvee \asymp \bar{a} \vee b.$$

Correspondientemente, cada una de las 16 formas proposicionales de nuestra tabla pueden representarse como la adjunción de algunas de las cuatro conjunciones

$$a \wedge b, \quad a \wedge \bar{b}, \quad \bar{a} \wedge b, \quad \bar{a} \wedge \bar{b}.$$

A estas adjunciones se les da el nombre de *formas normales adjuntivas* (principales). Naturalmente que en la representación de $\curlywedge$ no aparece ninguna de las cuatro conjunciones; por consiguiente, la propia $\curlywedge$ debe tomarse como una forma normal adjuntiva. En general, se verifica que toda forma proposicional, en la que aparecen a lo sumo dos variables proposicionales distintas (con frecuencia arbitraria), es equivalente a una de estas dieciséis formas normales adjuntivas. De ello se deduce que cada una de dichas formas proposicionales es equivalente a una de las dieciséis formas proposicionales de nuestra tabla. En consecuencia, también en este nuevo sentido la tabla es *completa.*

Para demostrarlo consideremos en primer lugar una forma proposicional arbitraria C.

Sea a una variable proposicional que aparece en C. Escribiremos $C(a)$ y representaremos la forma proposicional que resulta de C, al reemplazar a por A, mediante $C(A)$. También cuando no aparezca a en C escribiremos $C(a)$ en lugar de C; naturalmente, entonces es $C(A)$ la misma que C.

Para cualquier forma proposicional vale el siguiente «*teorema de desarrollo*» de BOOLE:

$$C(a) \asymp C(\curlyvee) \wedge a \dot{\vee} C(\curlywedge) \wedge \bar{a}. \tag{5.14}$$

Para demostrarlo supondremos que $C(a)$ está compuesta de variables proposicionales ligadas sólo con $\vee$ y $\bar{\ }$: los demás juntores pueden expresarse mediante éstos. En primer lugar, consideraremos los dos casos triviales posibles:

(1) $C(a)$ es la variable proposicional a.

(2) C es una variable proposicional b, distinta de a.

En estos casos hay que verificar:

(1) $a \asymp \curlyvee \wedge a \dot{\vee} \curlywedge \wedge \bar{a}$,

(2) $b \asymp b \wedge a \dot{\vee} b \wedge \bar{a}$,

lo cual no ofrece dificultad.

Quedan los casos

(3) C tiene la forma $\overline{D(a)}$,

(4) C tiene la forma $D_1(a) \vee D_2(a)$.

En estos casos se supone que la equivalencia (5.14) está ya demostrada para las fórmulas $D(a)$, $D_1(a)$ y $D_2(a)$. De

$$D(a) \asymp D(\curlyvee) \wedge a \dot{\vee} D(\curlywedge) \wedge \bar{a}$$

se deduce, teniendo en cuenta (4.20)

$$D(a) \asymp D(\curlyvee) \vee \bar{a} \dot{\wedge} D(\curlywedge) \vee a \tag{5.15}$$

y de aquí

$$\overline{D(a)} \asymp \overline{D(\curlyvee)} \wedge a \dot{\vee} \overline{D(\curlywedge)} \wedge \bar{a},$$

que es lo que queríamos demostrar. Correspondientemente, si partimos de

$$D_1(a) \asymp D_1(\curlyvee) \wedge a \dot{\vee} D_1(\curlywedge) \wedge \bar{a}$$

y

$$D_2(a) \asymp D_2(\curlyvee) \wedge a \mathbin{\dot{\vee}} D_2(\curlywedge) \wedge \bar{a}$$

se deduce de ellas

$$D_1(a) \vee D_2(a) \asymp D_1(\curlyvee) \vee D_2(\curlyvee) \mathbin{\dot{\wedge}} a \mathbin{\ddot{\vee}} D_1(\curlywedge) \vee D_2(\curlywedge) \mathbin{\dot{\wedge}} \bar{a}.$$

Puesto que toda fórmula puede componerse exclusivamente de variables proposicionales con $\vee$ y $\bar{\ }$, queda demostrada—por inducción— la (5.14).

En correspondencia con el simbolismo $C(a)$, para las fórmulas con dos variables introduciremos el $C(a, b)$. Entonces, $C(\curlywedge, \curlyvee)$; por ejemplo, será la fórmula que se obtiene de la $C(a, b)$ al reemplazar a por $\curlywedge$ y b por $\curlyvee$. Aplicando dos veces la (5.14) se deduce ahora:

$$\begin{aligned} C(a, b) \asymp C(\curlyvee, b) \wedge a \mathbin{\dot{\vee}} C(\curlywedge, b) \wedge \bar{a} \asymp C(\curlyvee, \curlyvee) \\ \wedge b \mathbin{\dot{\vee}} C(\curlyvee, \curlywedge) \wedge \bar{b} \mathbin{\ddot{\wedge}} a \vee C(\curlywedge, \curlyvee) \\ \wedge b \mathbin{\dot{\vee}} C(\curlywedge, \curlywedge) \wedge \bar{b} \mathbin{\ddot{\wedge}} \bar{a} \end{aligned}$$

y con ello el *desarrollo* de $C(a, b)$ respecto a a y b

$$\begin{aligned} C(a, b) \asymp C(\curlyvee, \curlyvee) \wedge a \wedge b \vee C(\curlyvee, \curlywedge) \wedge a \wedge \bar{b} \mathbin{\dot{\vee}} C(\curlywedge, \curlyvee) \\ \wedge \bar{a} \wedge b \mathbin{\dot{\vee}} C(\curlywedge, \curlywedge) \wedge \bar{a} \wedge \bar{b}. \end{aligned} \tag{5.16}$$

Si $C(a, b)$ contiene a lo sumo estas dos variables proposicionales a, b, entonces las fórmulas $C(\curlyvee, \curlyvee)$, $C(\curlyvee, \curlywedge)$, $C(\curlywedge, \curlyvee)$, $C(\curlywedge, \curlywedge)$ no contienen ninguna variable proposicional más; por tanto, han de ser equivalentes a $\curlyvee$ o bien a $\curlywedge$.

En consecuencia, en (5.16) a las conjunciones

$$a \wedge b, \quad a \wedge \bar{b}, \quad \bar{a} \wedge b, \quad \bar{a} \wedge \bar{b}$$

hay que añadir sólo $\curlyvee$, o bien $\curlywedge$. Si aparece $\curlywedge$ puede reemplazarse todo el término de la adjunción por $\curlywedge$—y entonces también puede prescindirse de él, siempre que no sea el único término restante—. Si aparece $\curlyvee$, puede prescindirse de este $\curlyvee$. En cualquier caso, queda únicamente una forma normal adjuntiva, como queríamos demostrar.

Es evidente que para fórmulas que contengan mayor número de

variables $C(a, b, c)$, $C(a, b, c, d)$, ..., pueden darse desarrollos equivalentes, análogos a los (5.14) y (5.16). Tenemos así el resultado: *toda fórmula arbitraria puede desarrollarse en una forma normal adjuntiva equivalente.*

Dual a las formas normales adjuntivas (principales), existen para toda fórmula, *fórmas normales conjuntivas* (principales) equivalentes. En el caso de dos variables a, b, se trata de las conjunciones que pueden formarse a partir de los términos

$$a \vee b, \quad a \vee \bar{b}, \quad \bar{a} \vee b, \quad \bar{a} \vee \bar{b}.$$

Si no aparece ninguno de estos términos debe tomarse $\curlyvee$ como forma normal conjuntiva. La (5.15) da la forma normal conjuntiva para el caso de una variable. Puesto que estas formas normales sólo dependen de las sustituciones de las variables proposicionales por $\curlyvee$ o $\curlywedge$, en las que se obtenga $\curlyvee$ y de aquellas otras sustituciones en que se obtenga $\curlywedge$, se deduce de aquí *que dos formas proposicionales son equivalentes cuando lo son en todas las sustituciones de las variables proposicionales por $\curlyvee$ o $\curlywedge$.*

Una fórmula que en toda sustitución de sus variables por $\curlyvee$ o $\curlywedge$, según la tabla de veracidad, toma el valor $\curlyvee$, se llama *válida general.* En estas condiciones—como es habitual desde WITTGENSTEIN (1922)—puede definirse la veracidad lógica de una fórmula mediante esta validez general. Correspondientemente, se definen las implicaciones $A \prec B$, como aquellas para las que la fórmula $A \rightarrow B$ es válida general. Los sistemas de axiomas para las implicaciones lógicas (o los correspondientes a la veracidad lógica, que eran muy frecuentes, por ejemplo, en los *Principia Mathematica*) han dejado de ser necesarios.

Sólo para la lógica de cuantores, que estudiaremos en el capítulo 5, es indispensable el método axiomático. El estudio de los cálculos lógicos del próximo capítulo y de la Lógica efectiva en el capítulo 4, aportarán nuevo material para dilucidar el problema de si la Lógica, por su esencia, puede o debe ser una ciencia axiomática.

3
cálculos de la lógica de juntores

6. Calculización

La exposición axiomática de la *Silogística* dada en el capítulo 1 ha motivado el estudio, en el capítulo 2, de las conclusiones que fueron utilizadas implícitamente en la Silogística. En el capítulo 2 hemos tratado la lógica de juntores, de nuevo axiomáticamente, y surge la cuestión acerca de las conclusiones lógicas que se hayan utilizado implícitamente al tratar la lógica de juntores. La respuesta a este problema es sorprendente, pues para deducir los teoremas a partir de los axiomas de la lógica de juntores no ha sido necesaria ninguna conclusión lógica.

Para poner de manifiesto esta situación consideremos el sistema de axiomas A 1–A 6 del epígrafe 3. Dicho sistema está formado por ciertas implicaciones fundamentales A 1, A 3, A 4, y determinadas reglas fundamentales de la forma: si $A_1 < B_1$ y $A_2 < B_2$, entonces $A_3 < B_3$. Por tanto, en apariencia, en las reglas fundamentales intervienen los juntores lógicos: «si, entonces» (por tanto, la *subjunción)* e «y» (por tanto, la *conjunción);* en consecuencia, aparentemente será necesaria la lógica de estos juntores en el metaidioma, para la demostración de los teoremas. Sin embargo, no es así. Considérese, por ejemplo, la demostración de (3.11) $\overline{\overline{A}} < A$. Si añadimos a esta demostración la de (3.10), todos los pasos son una implicación fundamental, o la aplicación de una regla fundamental, de modo que de las premisas ya deducidas se «infiere» una conclusión. Si se interpretan las reglas fundamentales como *imperativos,* que indican las implicaciones factibles (bajo la condición de que otras determinadas lo han sido ya), entonces, la demostración se presenta como una sucesión de *operaciones esquemáticas* con implicaciones. El sentido lógico de los juntores y también el signo de implicación, no tienen importancia al efectuar la operación. Lo único importante de las implicaciones posibles es que se trata de símbolos, mejor dicho de «*figuras*» (de momento no interesa lo que estas figuras puedan representar o significar), compuestas a partir de ciertas figuras atómicas—en este caso: $\wedge$, $\neg$, $<$, las variables *a, b, c, ...*, y paréntesis (,)—colocadas unas a continuación de otras *(encadenamiento)*. En esta interpretación, el sistema de axiomas A 1–A 6 da, mediante (1), ciertas *figuras fundamentales,* con las cuales puede iniciarse la operación planteada; mediante (2), se dispone de ciertas *reglas fundamentales,* que pueden aplicarse en cualquier orden y tantas veces como se desee, para pasar de las figuras ya establecidas a nuevas figuras.

Todo sistema de figuras fundamentales y reglas fundamentales —en el que se parta de *figuras atómicas* arbitrarias—lo llamaremos un *cálculo.* Por tanto, un cálculo no es otra cosa que una reglamentación para la construcción de figuras. La construcción de figuras de acuerdo con la reglamentación de un determinado cálculo se denomina «*deducción*». La deducción no es una conclusión lógica, pues la reglamentación del cálculo, por tanto, las figuras y reglas fundamentales, pueden elegirse totalmente arbitrarias.

Ejemplo de cálculo arbitrario es el siguiente:

I. Las figuras atómicas serán + y *o*.
II. Las figuras fundamentales serán (*K* 1) +.
Las reglas fundamentaales serán (*K* 2) si *x*, entonces *x o*.
(*K* 3) si *x*, entonces + *x* +.

Aquí *x* es una variable de las figuras compuestas por los átomos + y *o*.

Una *deducción,* según este cálculo, sería, por ejemplo:

1.	+	*K* 1
2.	+*o*	*K* 2; 1
3.	+*oo*	*K* 2; 2
4.	+ +*oo*+	*K* 3; 3
5.	+ +*oo*+*o*	*K* 2; 4

La deducción muestra que la figura + +*oo*+*o* es *deducible* según el cálculo.

Como es evidente en el ejemplo anterior, los «si, entonces» que aparecen en las reglas fundamentales no expresan la «subjunción» ni la implicación lógica. Por ello, escogeremos un nuevo signo para la simbolización de las reglas fundamentales, por ejemplo, el $\longrightarrow$. Ahora, las reglas fundamentales del cálculo pueden escribirse así:

$$(K2) \qquad x \longrightarrow x\,o$$
$$(K3) \qquad x \longrightarrow +x+.$$

Las figuras colocadas a la izquierda de $\longrightarrow$ se denominan *premisas* de la regla, la figura situada a la derecha de $\longrightarrow$ es la *conclusión*. Mientras en toda regla la conclusión es única, las premisas pueden ser varias. En la formulación verbal, en caso de varias premisas, van ligadas por «y». Por tanto, la forma general de una regla es:

si $\mathcal{A}_1$ y $\mathcal{A}_2$ y ... $\mathcal{A}_n$, entonces $\mathcal{A}$.

En la anterior $\mathcal{A}_1$, $\mathcal{A}_2$, ..., y $\mathcal{A}$ son metavariables que representan a las figuras, compuestas de átomos y de las variables x, ...

Simbólicamente, escribiremos:

$$\mathcal{A}_1, \mathcal{A}_2, \ldots, \mathcal{A}_n \longrightarrow \mathcal{A}.$$

Esta forma, para $n=0$, comprende las figuras fundamentales, como reglas fundamentales sin premisas. En este caso escribiremos $\longrightarrow \mathcal{A}$, por ejemplo, $(K1) \longrightarrow +$. Para reemplazar el sistema de axiomas A 1–A 6 de la lógica de juntores y las consecuencias que de él se deducen, por cálculos y deducciones según dichos cálculos, se necesitan dos cálculos, como muestra una más detenida consideración. En efecto, antes de definir las implicaciones lógicas como figuras deducibles en un determinado cálculo, es necesario introducir las fórmulas mediante otro cálculo. Así, la aclaración dada en el epígrafe 3, de que una fórmula surgía por conexión de las variables proposicionales a, b, ..., mediante $\wedge$ y $\neg$, no expresa otra cosa sino que las «fórmulas» son las figuras deducibles mediante el siguiente cálculo:

Figuras atómicas:

$$\wedge,\ \neg,\ (,),\ a,\ b,\ c,\ \ldots$$

Reglas fundamentales:

$$\longrightarrow a \quad \text{(para toda variable)}$$
$$A \longrightarrow \neg A$$
$$A, B \longrightarrow (A \wedge B).$$

Así, por ejemplo,

$$[(\neg (a \wedge \neg b) \wedge \neg c) \wedge \neg \neg d]$$

es una fórmula que, por comodidad, la escribiremos

$$\overline{a \wedge \overline{\overline{b}}} \wedge \bar{c} \dot{\wedge} \overline{\overline{d}}.$$

Las metavariables A, B, ..., las utilizaremos en estos cálculos en primer lugar, como variables que representen cualquier figura compuesta de figuras atómicas. Pero su variabilidad quedará limitada en lo sucesivo—como hasta ahora—a representar fórmulas, es decir, figuras deducibles mediante el cálculo.

En estas condiciones, el cálculo para la deducción de implicaciones lógicas tiene la estructura siguiente—utilizando paréntesis—:

Figuras atómicas:

$$\wedge,\ \neg,\ (,),\ <,\ a,\ b,\ c,\ \ldots$$

Reglas fundamentales:

$$\begin{array}{lrl}
\text{A 1:} & & \rightarrow A < A \\
\text{A 2:} & A < B,\ B < C & \rightarrow A < C \\
\text{A 3:} & & \rightarrow (A \wedge B) < A \\
\text{A 4:} & & \rightarrow (A \wedge B) < B \\
\text{A 5:} & C < A,\ C < B & \rightarrow C < (A \wedge B) \\
\text{A 6:} & (A \wedge \neg B) < \neg C & \rightarrow (A \wedge C) < B.
\end{array}$$

Si una figura α puede deducirse sin variables, escribiremos, abreviadamente $\vdash \alpha$, por ejemplo,

$$\vdash \neg \neg a < a. \tag{6.1}$$

La demostración de (3.16) no muestra que $\bar{B} < \bar{A}$, sea deducible, sino sólo que esta figura es deducible cuando previamente se ha añadido al cálculo, como «*hipótesis*», $A < B$. Entonces $\bar{B} < \bar{A}$ es *deducible hipotética.*

Si la figura α es deducible con ayuda de las hipótesis $\alpha_1, \alpha_2, \ldots$, escribiremos $\alpha_1, \alpha_2, \ldots, \vdash \alpha$ y con las variables A, B, por ejemplo:

$$A < B \vdash \neg B < \neg A. \tag{6.2}$$

Esta afirmación de deducibilidad debe distinguirse de la regla

$$A < B \longrightarrow \neg B < \neg A. \qquad (6.3)$$

Por verificarse (6.2), a la (6.3) se le denomina «*regla deducida*».

En general, se dice que una regla $\mathcal{A}_1, \ldots, \mathcal{A}_n \longrightarrow \mathcal{A}$ es *deducida*, cuando se verifica $\mathcal{A}_1, \ldots, \mathcal{A}_n \vdash \mathcal{A}$. Si en las $\mathcal{A}_1, \ldots,$ aparecen variables, deben reemplazarse por figuras costantes. Es inmediato que toda regla deducida tiene la propiedad de poderse adoptar como una regla fundamental más del cálculo, sin que por ello aparezcan figuras deducibles que no lo fueran respecto a las anteriores reglas fundamentales. Las reglas que tienen esta propiedad las llamaremos «*admisibles*» para el cálculo. Por tanto, *toda regla deducida es admisible.* Como muestra la regla

$$x \longrightarrow + + x$$

del cálculo K 1–K 3, la propiedad recíproca no es cierta. Evidentemente, esta regla no es deducible, porque aplicando cualquiera de las dos reglas fundamentales a x aparece siempre una figura atómica a su derecha. Por otra parte, la condición de admisible es fácil de comprobar.

La axiomatización de la lógica de juntores, que hemos tratado en los epígrafes 3-6, utiliza exclusivamente reglas de la forma

$$\text{si } \mathcal{A}_1 \text{ y } \mathcal{A}_2 \text{ y } \ldots, \text{ entonces } \mathcal{A}$$

y, en consecuencia, puede interpretarse como un cálculo. Mediante esta *calculización,* que se retrotrae a LEIBNITZ (véase COUTURAT, 1901), se resuelve el problema de que la Lógica esté inmersa en una *teoría axiomática* y que toda teoría axiomática presuponga una lógica. *Los cálculos no presuponen ninguna lógica.* Por el contrario, la calculización no da respuesta al problema de fundamentación de la Lógica, es decir, a la cuestión de con qué derecho se reconocen determinadas conclusiones como lógicas. La elección de las reglas A 1–A 6 está basada únicamente en la *evidencia* de los correspondientes axiomas del epígrafe 3. El problema de fundamentación lo volveremos a tratar en el capítulo 4.

Creemos que está suficientemente justificado que nos ocupemos de los cálculos que surgen de los sistemas de axiomas dados hasta ahora.

y queremos poner de manifiesto que con estos *cálculos lógicos* hemos encontrado un nuevo objeto de investigación, que también nos llevará al planteamiento de nuevos problemas.

7. Consistencia y totalidad

Consideraremos como ejemplo de cálculo lógico, uno que procede de GENTZEN.

Las fórmulas A, B, ... estarán formadas con las variables proposicionales a, b, ..., las constantes $\curlyvee$, $\curlywedge$ y la ayuda de $\wedge$, $\vee$, $\neg$, y paréntesis (,).

Las variables proposicionales y las constantes se denominan fórmulas fundamentales; las fórmulas como $\neg A$ se denominan negativas. A partir de varias fórmulas A_1, ..., A_n pueden formarse fórmulas conjuntivas $(A_1 \wedge \ldots \wedge A_n)$ y fórmulas adjuntivas $(A_1, \vee \ldots \vee A_n)$ sin paréntesis interiores.

Daremos por supuesta la asociatividad de $\vee$ y $\wedge$ (pág. 21). En la composición de fórmulas conjuntivas o adjuntivas con $\wedge$, o bien $\vee$, debe prescindirse de los paréntesis interiores.

Implicaciones lógicas $A < B$ serán las figuras deducibles según las siguientes reglas, escritas sin paréntesis:

G 1: $\longrightarrow A \wedge B < B \vee C$

G 2.1: $A \wedge B_1 \wedge B_2 < C \longrightarrow A \wedge B_2 \wedge B_1 < C$

$A < B_1 \vee B_2 \vee C \longrightarrow A < B_2 \vee B_1 \vee C$

G 2.2: $\curlyvee \wedge A < C \longrightarrow A < C$

$A < C \vee \curlywedge \longrightarrow A < C$

G 3: $A \wedge B_1 < C,\ A \wedge B_2 < C \longrightarrow A \wedge B_1 \vee B_2 < C$

$A < B_1 \vee C,\ A < B_2 \vee C \longrightarrow A < B_1 \wedge B_2 \vee C$

G 4: $A \wedge B < C \longrightarrow A < \overline{B} \vee C$

$A < B \vee C \longrightarrow A \wedge \overline{B} < C.$

Por ejemplo, la deducción de $\overline{A \wedge B} < \overline{A} \vee \overline{B}$, según este cálculo, sería:

1.	$\curlyvee \wedge A < A \vee \overline{B}$	G 1
2.	$\curlyvee < \overline{A} \vee A \vee \overline{B}$	G 4 (1.)
3.	$\curlyvee < A \vee \overline{A} \vee \overline{B}$	G 2.1 (2.)

4.	$\curlyvee \wedge B < B \vee \overline{A} \vee \curlywedge$	G 1	
5.	$\curlyvee < \overline{B} \vee B \vee \overline{A} \vee \curlywedge$	G 4	(4.)
6.	$\curlyvee < B \vee \overline{A} \vee \overline{B} \vee \curlywedge$	G 2.1	(5.)
7.	$\curlyvee < B \vee \overline{A} \vee \overline{B}$	G 2.2	(6.)
8.	$\curlyvee < A \wedge B \vee \overline{A} \vee \overline{B}$	G 3	(3., 7.)
9.	$\curlyvee \wedge \overline{A \wedge B} < \overline{A} \vee \overline{B}$	G 4	(8.)
10.	$\overline{A \wedge B} < \overline{A} \vee \overline{B}.$	G 2.2	(9.)

En sentido estricto, la anterior no es una deducción, sino únicamente la *forma* de una deducción. Sólo cuando se reemplazan las metavariables A y B por fórmulas se obtienen deducciones—en lo sucesivo no tendremos en cuenta esta distinción—.

Si se compara el cálculo G 1–G 4 con el A 1–A 6 del epígrafe 3, y se tiene en cuenta lo demostrado en el epígrafe 4, se ve que las reglas G 1–G 4 pudieran deducirse de las A 1–A 6 (completándolas con reglas fundamentales correspondientes a $\vee$). Para que esta relación entre los dos cálculos fuera recíproca salta a la vista que en G 1–G 4 falta la regla de transitividad (A 2). Si se añade dicha regla a las G 1–G 4, entonces las reglas fundamentales A 1–A 6 serían reglas deducidas en el nuevo cálculo.

Como ha demostrado GENTZEN (1934) en su *teorema fundamental,* no se puede obtener la propia (A 2) como regla deducida de G 1–G 4, sino sólo como regla admisible. Para demostrarlo caracterizaremos la clase constituida por las implicaciones deducibles, sin hacer uso de esta propiedad. Hemos señalado en el epígrafe 5 que una forma proposicional es exactamente lógica-verdadera cuando es válida general, es decir, cuando en todas las sustituciones de las variables proposicionales por $\curlywedge$ o $\curlyvee$ toma siempre el valor $\curlyvee$. Ahora, una implicación $A < B$ es lógica cuando $\overline{A} \vee B$ es lógica-verdadera; por tanto, cuando en todas las sustituciones de las variables proposicionales por $\curlyvee$ o $\curlywedge$ se obtiene siempre una de las implicaciones $\curlyvee < \curlyvee$, $\curlywedge < \curlyvee$, $\curlywedge < \curlywedge$, es decir, nunca la $\curlyvee < \curlywedge$. Las implicaciones que tienen esta propiedad las llamaremos *válidas generales.* De acuerdo con el concepto de implicaciones válidas generales, vamos a demostrar, del cálculo G 1–G 4, las dos propiedades siguientes:

1) El cálculo G 1–G 4 es *consistente,* es decir, *toda implicación deducible es válida general,*

2) el cálculo G 1–G 4 es *total,* es decir, *toda implicación válida general es deducible.*

Una consecuencia inmediata de 1) y 2) será la propiedad de ser admisible (A 2) para G 1–G 4. Si $A \prec B$ y $B \prec C$ son deducibles, por tanto, en virtud de 1), válidas generales, no es admisible la sustitución de las variables proposicionales A por $\curlyvee$ y C por $\curlywedge$. En efecto, si se sustituye A por $\curlyvee$, por ser $A \prec B$ válida general, habrá que sustituir B por $\curlyvee$, y por análoga razón, C también por $\curlyvee$. Si se sustituye C por $\curlywedge$, también B habrá que sustituirla por $\curlywedge$ y análogamente A por $\curlywedge$. En consecuencia, $A \prec C$ es válida general y teniendo en cuenta 2), deducible.

La consistencia de G 1–G 4 (respecto a la validez general) es trivial, pues G 1 da sólo implicaciones válidas generales y cuando se parte de éstas, las deducciones obtenidas de acuerdo con G 2–G 4 son siempre implicaciones válidas generales.

Una propiedad interesante del cálculo de GENTZEN es la *reciprocidad* de las reglas fundamentales G 2–G 4, en el sentido de que de la validez general de la conclusión se deduce siempre la validez general de las premisas. Esta propiedad es importante para la demostración de la totalidad.

Implicaciones de la forma $A \wedge \overline{B} \prec C$ o $A \prec \overline{B} \vee C$ son válidas generales, exactamente cuando lo son $A \prec B \vee C$ o bien $A \wedge B \prec C$. Implicaciones de la forma $A \dot{\wedge} B_1 \vee B_2 \prec C$ o bien $A \prec B_1 \wedge B_2 \dot{\vee} C$ son válidas generales, exactamente cuando lo son: $A \wedge B_1 \prec C$ y $A \wedge B_2 \prec C$, o bien $A \prec B_1 \vee C$ y $A \prec B_2 \vee C$. En consecuencia, el problema de la validez general de una implicación, teniendo en cuenta G 3 y G 4, se reduce al de la validez general de implicaciones que tienen un $\overline{\ }$ menos, o tienen un $\vee$ menos a la izquierda, o un $\wedge$ menos a la derecha. Si se reitera este proceso, en tanto existan juntores de los tipos citados, se llega por último a implicaciones que carecen de $\overline{\ }$, y no tienen ni a la izquierda $\vee$ ni a la derecha $\wedge$. Por tanto, estas implicaciones serán de la forma:

$$a_1 \wedge a_2 \wedge \ldots \prec b_1 \vee b_2 \vee \ldots$$

(en lugar de las variables proposicionales pueden aparecer también $\curlyvee$

o $\curlywedge$). A las implicaciones de esta forma las designaremos *primitivas*.

Para poder simplificar nuestras expresiones, consideraremos como «esencialmente» iguales las implicaciones que se deducen, una de otra, por la sola aplicación de G 2. Estas implicaciones se diferencian exclusivamente en la ordenación y conexión de las fórmulas, si se prescinde de los $\curlyvee$ o $\curlywedge$ eventualmente existentes a la izquierda o a la derecha.

En estas condiciones, si contamos como una las implicaciones esencialmente iguales, a cada implicación dada le corresponde un conjunto finito de implicaciones primitivas, de modo que

(1) la implicación dada es deducible de estas implicaciones primitivas,

(2) la implicación dada es válida general, exactamente, cuando lo sean todas sus implicaciones primitivas.

Obsérvese que, trivialmente, una implicación primitiva es válida general, exclusivamente cuando, según G 1, sea una implicación fundamental [por tanto, cuando concuerda un a_μ con un b_ν (en otro caso se reemplazan todas las a_μ por $\curlyvee$ y todas las b_ν por $\curlywedge$)]; así se obtiene el resultado deseado, que toda implicación válida general es deducible.

La anterior demostración da también un procedimiento que permite decidir si una implicación es lógica o no—sin necesidad de examinar previamente su validez general—. En la mayoría de los casos resulta más cómoda la reducción sobre implicaciones primitivas. En la demostración de (4.20) hicimos uso de este procedimiento.

La consistencia y totalidad de las que venimos hablando en relación con el cálculo de GENTZEN debieran designarse, con más exactitud, *consistencia* y *totalidad relativas,* pues se refieren a la validez general de las implicaciones. Para un cálculo arbitrario K pueden definirse también los conceptos de *consistencia* y *totalidad relativas.* Para ello es necesario que dispongamos de una clase T de figuras. Entonces, si toda figura deducible según K es figura de T, se dice que K es *consistente relativo* (respecto a T). Si toda figura de T es deducible según K, se dice que K es *total relativo* (respecto a T).

Un cálculo se dice *consistente absoluto* cuando existe, por lo menos, una figura (compuesta de átomos del cálculo) que no es deducible en él. Un cálculo que es consistente relativo, respecto a una subclase propia T de todas sus figuras, es también siempre consistente absoluto.

4
lógica efectiva de juntores

8. Lógica afirmativa

Como vimos en el capítulo 3, la objeción de que todo sistema de axiomas debe ir unido a una lógica, no puede mantenerse frente a los cálculos lógicos. La objeción consiste en que a partir de los axiomas y con el único empleo de conclusiones lógicas, deben demostrarse los restantes teoremas—y esto se supone en toda teoría axiomática—.

Una consideración retrospectiva del capítulo 3 nos muestra que no sólo se han hecho deducciones «libres de toda lógica» de figuras según determinados cálculos, sino que del mismo modo se han demostrado varios teoremas. Al igual que en el capítulo 2 pusimos de manifiesto las reglas conclusivas, utilizadas implícitamente en el capítulo 1, podemos preguntarnos ahora por las conclusiones mediante las que—de nuevo de modo implícito—hemos demostrado en el capítulo 3.

Expuesto sistemáticamente, el problema a tratar es: ¿Cómo pueden demostrarse teoremas sobre cálculos? Trataremos esta cuestión aquí, en tanto sea relevante para la Lógica (véase *Protológica,* en LORENZEN, 1955). Dado un cálculo, la demostración más sencilla posible es la demostración de la deducibilidad de figuras. Para ello basta con describir una deducción. Lo mismo sucede con la deducibilidad de las reglas. Si en un cálculo K es deducible la regla

$$\mathcal{A}_1, \ldots, \mathcal{A}_n \longrightarrow \mathcal{A}$$

escribiremos

$$\mathcal{A}_1, \ldots, \mathcal{A}_n \vdash_K \mathcal{A}$$

y pondremos $\vdash$ en lugar de $\vdash_K$, cuando no sean de temer confusiones.

Si $\mathcal{A}_1, \ldots, \mathcal{A}_n \longrightarrow \mathcal{A}$ es admisible en K, escribiremos

$$\vdash_K \mathcal{A}_1, \ldots, \mathcal{A}_n \longrightarrow \mathcal{A}.$$

Mediante ello, el símbolo $\vdash_K$ (brevemente $\vdash$) adquiere un nuevo significado. Tenemos el teorema:

$$\text{si } \mathcal{A}_1, \ldots, \mathcal{A}_n \vdash \mathcal{A} \text{ entonces } \vdash \mathcal{A}_1, \ldots, \mathcal{A}_n \rightarrow \mathcal{A}. \qquad (8.1)$$

Como vimos ya en el epígrafe 7, en un ejemplo *protológico,* este teorema no admite recíproco. Por consiguiente, se presenta el problema de encontrar otros métodos que den reglas admisibles.

De acuerdo con nuestra definición de Lógica, según la cual sólo son conclusiones «lógicas» las que dependen exclusivamente de la forma de las proposiciones y, por tanto, son independientes de la «*materia*» que encierren dichas proposiciones, no nos interesaremos por aquellas proposiciones cuya admisibilidad sea consecuencia de determinada particularidad del cálculo subyacente. Nos limitaremos a considerar las proposiciones admisibles generales, es decir, que sean admisibles respecto a cualquier cálculo.

La regla de «*reflexividad general*»

$$a_1, \ldots, a_n \rightarrow a_\nu \qquad (\nu = 1, \ldots, n) \qquad (8.2)$$

es, en el sentido anteriormente expuesto, *admisible general.* Si se reemplazan en (8.2) las variables a_1, a_2, ..., por fórmulas de un cálculo, se obtiene una regla admisible en dicho cálculo. Por fórmula debe entenderse una figura compuesta con las figuras atómicas del cálculo, eventualmente, puede contener también variables x, y, ..., que a su vez son variables, sólo para las figuras compuestas de átomos.

Es fácil ver que una regla $a_1, \ldots, a_n \rightarrow a$, en la que a es distinta de las $a_1, \ldots, a_n$, no es admisible general.

Se obtienen nuevos teoremas sobre admisibilidad general (por tanto, teoremas «lógicos») cuando, en correspondencia con el paso de deducibilidad a deducibilidad *hipotética,* se investiga cuándo una regla es admisible *después de añadir otras reglas.*

Utilizaremos R o R_1, R_2, ..., como variables para las reglas. Cuando en un cálculo K, después de ampliarlo con las reglas $R_1, R_2, \ldots, R_n$, es admisible la regla R, escribiremos

$$R_1; \ \ldots; \ R_n \vdash_K R.$$

También en este caso nos limitaremos al estudio de las proposiciones válidas para cualquier cálculo y, en consecuencia, sin temor a error, podremos utilizar la mayoría de las veces $\vdash$ en lugar de $\vdash_K$. El caso más sencillo de *proposiciones admisibles hipotéticas* se da cuando la regla R no sólo es admisible en el cálculo ampliado, sino incluso deducible, como sucede en el ejemplo:

$$\mathcal{A} \rightarrow \mathcal{B};\ \mathcal{B} \rightarrow \mathcal{C} \vdash \mathcal{A} \rightarrow \mathcal{C}. \tag{8.3}$$

La demostración se deduce, con auxilio de (8.1), de que $\vdash \mathcal{A} \rightarrow \mathcal{C}$ es válida en todo cálculo en el que $\mathcal{A} \rightarrow \mathcal{B}$ y $\mathcal{B} \rightarrow \mathcal{C}$ sean reglas fundamentales. La (8.3) recuerda la transitividad (A 2) de la implicación lógica. Como una «*transitividad general*» puede formularse para las reglas:

$$\begin{gathered} a_1, \ldots, a_m \rightarrow b_1;\ \ldots;\ a_1, \ldots, a_m \rightarrow b_n; \\ b_1, \ldots, b_n \rightarrow c \vdash a_1, \ldots, a_m \rightarrow c. \end{gathered} \tag{8.4}$$

Casos particulares de las (8.2) y (8.4) aparecen ya en la Lógica de los antiguos—naturalmente no con la interpretación actual de teoremas sobre cálculos arbitrarios, sino como teoremas generales sobre conclusiones—. Y las conclusiones eran siempre conclusiones con proposiciones lingüísticas. Pero, como vemos, aquí la lingüística no desempeña ningún papel en lo que respecta a las conclusiones.

La independencia de las conclusiones lógicas respecto al lenguaje vale también para la conjunción y adjunción. Ciertamente, habíamos visto que la conjunción se definía diciendo que $\mathcal{A} \wedge \mathcal{B}$ es verdadera factible, exactamente cuando $\mathcal{A}$ es verdadera factible y $\mathcal{B}$ es verdadera factible, pero también tenemos la posibilidad de introducir la conjunción en un cálculo arbitrario. Tomado en sentido estricto, la coma con la que ligamos las premisas de una regla $\mathcal{A}_1, \ldots, \mathcal{A}_n \rightarrow \mathcal{A}$, encierra en sí una conjunción. Pero esta coma—al igual que la flecha—pertenece al metaidioma, es decir, al idioma con el que hablamos sobre el cálculo. Una *conjunción* que compone las figuras del cálculo, para formar nuevas figuras, que, por tanto—si designamos las figuras como proposiciones de un *idioma de objetos*—, pertenece al idioma de objetos, se obtiene exclusivamente, cuando ampliamos el cálculo mediante una nueva figura atómica $\wedge$ y añadimos como nueva regla fundamental, que a partir de $\mathcal{A}$ y $\mathcal{B}$ siempre puede formarse $\mathcal{A} \wedge \mathcal{B}$. Esta extensión puede hacerse en todo cálculo. Precisaremos la extensión del modo siguiente: Sea K un cálculo. Como figuras $\mathcal{A}$, $\mathcal{B}$, ..., del cálculo ampliado $K_\wedge$ tomaremos

(1) las figuras de K

(2) con $\mathcal{A}$, $\mathcal{B}$ también $(\mathcal{A} \wedge \mathcal{B})$.

Por tanto, a las figuras atómicas habrá que añadirles, eventualmente, los paréntesis (,). Como reglas fundamentales de $K_\wedge$ tomaremos

(1) las reglas fundamentales de K

(las variables de estas reglas representan, como en el caso anterior, sólo las figuras de K)

(2) $a, b \longrightarrow (a \wedge b)$.

Aquí, las a, b, ..., son variables para las figuras de $K_\wedge$. Para el cálculo protológico K del epígrafe 6, la ampliación $K_\wedge$ haría factible la deducibilidad de

$[(+ + o + \wedge + o) \wedge + + +]$ pero no la de $(+ \wedge +)\, o$.

Es fácil ver que la extensión de K a $K_\wedge$ es *admisible-relativa*, en el sentido siguiente: las figuras que no contienen $\wedge$, por tanto, que están compuestas exclusivamente de los átomos de K, ninguna de ellas es deducible en la extensión, si no lo era ya en el cálculo primitivo.

La admisibilidad relativa de la extensión mediante la regla

$$a, b \longrightarrow (a \wedge b) \tag{8.5}$$

(es decir, relativa a la clase de figuras que no contienen $\wedge$) es válida para todo cálculo.

Queremos demostrar ahora que para la extensión $K_\wedge$ valen ciertas admisibilidades, que corresponden a los axiomas que hemos utilizado para la conjunción. Para la admisibilidad respecto a $K_\wedge$ utilizaremos el símbolo $\vdash_\wedge$.

$$\mathcal{C} \longrightarrow \mathcal{A};\ \mathcal{C} \longrightarrow \mathcal{B} \vdash_\wedge \mathcal{C} \longrightarrow \mathcal{A} \wedge \mathcal{B} \tag{8.6}$$

$$\vdash_\wedge \mathcal{A} \wedge \mathcal{B} \longrightarrow \mathcal{A} \tag{8.7}$$

$$\vdash_\wedge \mathcal{A} \wedge \mathcal{B} \longrightarrow \mathcal{B}. \tag{8.8}$$

La (8.6) afirma que $\mathcal{C} \rightarrow \mathcal{A} \wedge \mathcal{B}$ es admisible, tras la incorporación de $\mathcal{C} \rightarrow \mathcal{A}$ y $\mathcal{C} \rightarrow \mathcal{B}$. En dichas condiciones, $\mathcal{A} \wedge \mathcal{B}$ es incluso deducible de $\mathcal{C}$:

0.	$\mathcal{C}$	
1.	$\mathcal{A}$	$(\mathcal{C} \rightarrow \mathcal{A})$
2.	$\mathcal{B}$	$(\mathcal{C} \rightarrow \mathcal{B})$
3.	$\mathcal{A} \wedge \mathcal{B}$.	(8.5)

Por el contrario, en las (8.7) y (8.8) no es válida la deducibilidad de $\mathcal{A}$ a partir de $\mathcal{A} \wedge \mathcal{B}$. La propiedad de ser admisible la regla $\mathcal{A} \wedge \mathcal{B} \rightarrow \mathcal{A}$ se deduce del hecho de que $\mathcal{A} \wedge \mathcal{B}$ sólo puede ser deducida si anteriormente $\mathcal{A}$ (y $\mathcal{B}$) es deducida. Para la deducción de $\mathcal{A} \wedge \mathcal{B}$ disponemos únicamente de la regla (8.5). Una aplicación de $\mathcal{A} \wedge \mathcal{B} \rightarrow \mathcal{A}$ —y análogamente de $\mathcal{A} \wedge \mathcal{B} \rightarrow \mathcal{B}$—no da, por tanto, nada nuevo; estas reglas son admisibles.

De este modo hemos encontrado una *fundamentación* para los «axiomas» de la Lógica—en principio, en lo relativo a la conjunción—. Para la *adjunción* puede conseguirse lo mismo si se considera la posibilidad de ampliar todo cálculo mediante un átomo $\vee$, con lo cual a las reglas fundamentales habrá que añadir las:

$$a \rightarrow (a \vee b) \tag{8.9}$$

$$b \rightarrow (a \vee b). \tag{8.10}$$

También la extensión obtenida mediante (8.9) y (8.10) es admisible relativa, y de nuevo es relativa con respecto a la clase constituida por las figuras del cálculo que no contienen $\vee$. Las nuevas reglas dan exclusivamente figuras con $\vee$. Dual a (8.6) demostraremos

$$\mathcal{A} \rightarrow \mathcal{C};\ \mathcal{B} \rightarrow \mathcal{C} \vdash_{\vee} \mathcal{A} \vee \mathcal{B} \rightarrow \mathcal{C}. \tag{8.11}$$

Aquí se trata de mostrar que en un cálculo $K_{\vee}$ ampliado con $\vee$ [en el que, por tanto, son reglas fundamentales (8.9) y (8.10)], si se añaden $\mathcal{A} \rightarrow \mathcal{C}$ y $\mathcal{B} \rightarrow \mathcal{C}$, la regla $\mathcal{A} \vee \mathcal{B} \rightarrow \mathcal{C}$ es admisible. Una deducción que haga uso de la regla $\mathcal{A} \vee \mathcal{B} \rightarrow \mathcal{C}$ contiene, además de la aplicación de esta regla, una deducción de $\mathcal{A} \vee \mathcal{B}$. Puesto que sólo disponemos de las reglas (8,9) y (8.10) tendremos que distinguir dos casos. Si se utiliza (8.9), entonces $\mathcal{A}$ es deducible y, en virtud de $\mathcal{A} \rightarrow \mathcal{C}$, también $\mathcal{C}$. Por el contrario, si se utiliza (8.10), entonces $\mathcal{B}$ es deducible y, en virtud de $\mathcal{B} \rightarrow \mathcal{C}$, también $\mathcal{C}$. En ambos casos es deducible $\mathcal{C}$ sin necesidad de aplicar la regla $\mathcal{A} \vee \mathcal{B} \rightarrow \mathcal{C}$, es decir, esta regla es admisible.

Para poner de manifiesto la analogía de nuestros resultados con los axiomas de la implicación lógica $<$, definiremos

$$\mathcal{A} <_K \mathcal{B} \rightleftharpoons \vdash_K \mathcal{A} \rightarrow \mathcal{B}. \tag{8.12}$$

Nos encontramos aquí con una implicación, que corresponde a la implicación factible. Al igual que la implicación factible se refiere a una «realidad» (en cuyo lugar, para la Lógica, puede aparecer sencillamente una valoración de las proposiciones primitivas mediante *v* o *f*), la implicación $<_K$ se refiere a un determinado cálculo. La distinción, filosóficamente relevante, radica en que un cálculo no es real, sino que sólo contiene reglas para las operaciones con figuras. En consecuencia, a la implicación últimamente introducida le daremos el nombre de *implicación operativa.* La admisibilidad $\vdash_K$ corresponde a la verdad factible y puede contraponerse a ella como *verdad operativa.*

Hemos demostrado hasta ahora:

$$\left.\begin{array}{c} \mathcal{A} <_K \mathcal{A} \\ \text{si } \mathcal{A} <_K \mathcal{B} \text{ y } \mathcal{B} <_K \mathcal{C}, \text{ entonces } \mathcal{A} <_K \mathcal{C} \\ \mathcal{A} \wedge \mathcal{B} <_K \mathcal{A} \\ \mathcal{A} \wedge \mathcal{B} <_K \mathcal{B} \\ \text{si } \mathcal{C} <_K \mathcal{A} \text{ y } \mathcal{C} <_K \mathcal{B}, \text{ entonces } \mathcal{C} <_K \mathcal{A} \wedge \mathcal{B} \\ \mathcal{A} <_K \mathcal{A} \vee \mathcal{B} \\ \mathcal{B} <_K \mathcal{A} \vee \mathcal{B} \\ \text{si } \mathcal{A} <_K \mathcal{C} \text{ y } \mathcal{B} <_K \mathcal{C}, \text{ entonces } \mathcal{A} \vee \mathcal{B} <_K \mathcal{C}. \end{array}\right\} \tag{8.13}$$

El paso de estos teoremas a los axiomas de la implicación lógica se realiza del modo siguiente: en primer lugar, se construyen las formas proposicionales $A, B, C, \ldots$, a partir de las variables $a, b, c, \ldots$, con ayuda de $\wedge$, $\vee$ y después se definen mediante ellas las *implicaciones lógicas*

$$A(c_1, c_2, \ldots) < B(c_1, c_2, \ldots)$$

en las que por sustitución de las variables $c_1, c_2, \ldots$, por las metavariables $\mathcal{C}_1$, $\mathcal{C}_2$, ..., representativas de las figuras de un cálculo *K*, se obtiene

$$A(\mathcal{C}_1, \mathcal{C}_2, \ldots) \prec_K B(\mathcal{C}_1, \mathcal{C}_2, \ldots)$$

siempre válida. En consecuencia, en (8.13) puede prescindirse del índice *K* si se reemplazan las $\mathcal{A}$, $\mathcal{B}$, ..., por *A*, *B*, ...

Este retrotraer las implicaciones lógicas sobre las operativas, en lugar de sobre las implicaciones factibles, no sólo da una *fundamentación* de los axiomas lógicos para la conjunción y adjunción, sino que para los demás juntores conduce a resultados diversos.

Los restantes juntores no pueden interpretarse de modo operativo, al igual que $\wedge$ y $\vee$.

La singularidad de $\wedge$ y $\vee$ se debe a los siguientes motivos. En primer lugar, una regla $\mathcal{A}_1, \ldots, \mathcal{A}_n \to \mathcal{A}$ se puede reemplazar siempre por $\mathcal{A}_1 \wedge \ldots \wedge \mathcal{A}_n \to \mathcal{A}$. Entonces, si $\mathcal{A}_1, \ldots, \mathcal{A}_n \to \mathcal{A}$ es admisible, en virtud de (8.4), también lo es $\mathcal{A}_1 \wedge \ldots \wedge \mathcal{A}_n \to \mathcal{A}$. Recíprocamente, si $\mathcal{A}_1 \wedge \ldots \wedge \mathcal{A}_n \to \mathcal{A}$ es admisible, por ser

$$\mathcal{A}_1, \ldots, \mathcal{A}_n \to \mathcal{A}_1 \wedge \ldots \wedge \mathcal{A}_n,$$

también lo es $\mathcal{A}_1, \ldots, \mathcal{A}_n \to \mathcal{A}$.

Además, como se deduce de las (8.9) y (8.10), un sistema de reglas

$$\mathcal{A}_1 \to \mathcal{B}; \ \ldots; \ \mathcal{A}_m \to \mathcal{B},$$

es siempre reemplazable por una única regla

$$\mathcal{A}_1 \vee \ldots \vee \mathcal{A}_m \to \mathcal{B}.$$

Por tanto, si quisiéramos introducir un nuevo juntor *o*, similar a $\wedge$ y $\vee$, por un sistema de reglas

$$\mathcal{A}_1, \ldots, \mathcal{A}_n \to \mathcal{A} \, o \, \mathcal{B}$$

existiría una fórmula $\mathcal{C}$, compuesta sólo mediante $\wedge$ y $\vee$, de modo que el citado sistema se podría reemplazar por la única regla

$$\mathcal{C} \to \mathcal{A} \, o \, \mathcal{B}$$

y, por consiguiente, $\mathcal{A} \, o \, \mathcal{B}$ podría reemplazarse siempre por $\mathcal{C}$.

Como es fácil de ver, sólo las fórmulas compuestas de variables ligadas exclusivamente mediante $\wedge$ y $\vee$ tienen la propiedad de que al reemplazar todas las variables, excepto una, por ejemplo la *a*, por Υ o λ nunca surge una fórmula equivalente a $\bar{a}$, según la Lógica clásica de juntores.

Expresaremos brevemente los anteriores resultados, diciendo que de los 10 juntores sólo $\wedge$ y $\vee$ son afirmativos.

Por tanto, sólo estos juntores afirmativos pueden introducirse operativamente en un cálculo arbitrario, mediante un sistema de reglas.

En la Lógica clásica la subjunción desempeñaba un papel preponderante. Comparemos (8.12) con la definición de implicación factible:

$$\mathcal{A} \text{ implica factiblemente a } \mathcal{B} \rightleftharpoons \mathcal{A} \vdash \mathcal{B} \text{ es verdadera factible;}$$

se ve así que, en lugar de la subjunción $\mathcal{A} \vdash \mathcal{B}$, aparece la regla $\mathcal{A} \rightarrow \mathcal{B}$.

Ciertamente, $\mathcal{A} \rightarrow \mathcal{B}$ no es una figura del cálculo, sino que pertenece al metaidioma. En consecuencia, debemos cambiar nuestro modo de considerar y tomar las reglas que hemos utilizado hasta ahora como nuevos objetos. Podemos limitarnos a considerar reglas de la forma $\mathcal{A} \rightarrow \mathcal{B}$, con una sola premisa, siempre que pensemos ampliar el cálculo mediante $\wedge$. Las variables que eventualmente pueden aparecer en $\mathcal{A}$, $\mathcal{B}$, ..., las reemplazaremos siempre por figuras constantes.

A cada cálculo *K* le pertenece la clase constituida por las reglas admisibles en dicho cálculo. Ahora consideraremos *metarreglas,* es decir, reglas sobre las reglas. Las escribiremos

$$\mathcal{A}_1 \rightarrow \mathcal{B}_1; \; \mathcal{A}_2 \rightarrow \mathcal{B}_2; \; \ldots \; \dot{\rightarrow} \; \mathcal{A}_n \rightarrow \mathcal{B}_n,$$

por ejemplo:

$$\mathcal{A} \rightarrow \mathcal{B}; \; \mathcal{B} \rightarrow \mathcal{C} \dot{\rightarrow} \mathcal{A} \rightarrow \mathcal{C}.$$

Si se compara esta metarregla con (8.3) se ve que la metarregla tiene la siguiente propiedad: aplicada a reglas admisibles de un cálculo *K*, da de nuevo una regla admisible de *K*. Por consiguiente, diremos también de las metarreglas que son «*admisibles*» para *K* y escribiremos

$$\vdash_K \mathcal{A} \rightarrow \mathcal{B}; \; \mathcal{B} \rightarrow \mathcal{C} \dot{\rightarrow} \mathcal{A} \rightarrow \mathcal{C}. \qquad (8.14)$$

El paso de (8.3) a (8.14) es exactamente igual que el paso de

$$\mathcal{A}_1, \ldots, \mathcal{A}_n \vdash \mathcal{A} \quad \text{a} \quad \vdash \mathcal{A}_1, \ldots, \mathcal{A}_n \to \mathcal{A}$$

y lo mismo que éste, no es reversible. De este modo, lo único que hemos hecho es situarnos en un grado de reflexión más elevado.

Puesto que (8.14) es válida para todo cálculo K, tenemos así una metarregla *admisible general.*

Para podernos limitar de nuevo a la consideración exclusiva de metarreglas de una sola premisa introduciremos la conjunción para las reglas. Sean $R, S, \ldots$, variables que representan reglas. Pondremos en juego la siguiente metarregla:

$$R;\ S \dot{\to} R \dot{\wedge} S. \tag{8.15}$$

Correspondientemente, la adjunción se introduce mediante las

$$\begin{aligned} &S \dot{\to} R \dot{\vee} S \\ &R \dot{\to} R \dot{\vee} S. \end{aligned} \tag{8.16}$$

A partir de las reglas, por composición mediante $\dot{\wedge}$ y $\dot{\vee}$ surgen nuevas figuras, que designaremos «*metafiguras*». Las metafiguras que se obtienen por aplicación de las metarreglas (8.15) y (8.16), partiendo de reglas admisibles, se denominan *metafiguras admisibles.*

De esta forma tenemos un *metacálculo.* Este metacálculo se diferencia de los cálculos que teníamos hasta ahora, esencialmente en que no se da ningún sistema finito de iniciación, sino que sólo tenemos el convenio de que todas las (infinitas) reglas admisibles deben ser una iniciación. Esta distinción no tendrá efectos de momento. Podemos considerar de nuevo, partiendo de este metacálculo, la clase de *metarreglas admisibles*—y por reiteración de las reflexiones—preguntarnos por las reglas de las metarreglas, que no amplían la clase de las metarreglas admisibles. A éstas habría que llamarlas *metametarreglas* admisibles».

La iteración—una vez captado su principio—puede proseguirse tanto como queramos, y se van obteniendo en cada etapa, siempre de nuevo, los mismos teoremas sobre la admisibilidad o la admisibilidad general respecto a un cálculo.

Por encima de lo conocido hasta ahora, es decir, fuera de los teoremas correspondientes a (8.13), se obtiene algo nuevo, en la etapa metameta. En efecto, las siguientes metametarreglas son admisibles generales:

$$\rightarrow \mathcal{A} \overset{\bullet}{\rightarrow} \mathcal{B} \rightarrow \mathcal{C} \overset{\bullet\bullet}{\rightarrow} \overset{\bullet}{\rightarrow} \mathcal{A} \wedge \mathcal{B} \rightarrow \mathcal{C} \tag{8.17}$$

$$\overset{\bullet}{\rightarrow} \mathcal{A} \wedge \mathcal{B} \rightarrow \mathcal{C} \overset{\bullet\bullet}{\rightarrow} \rightarrow \mathcal{A} \overset{\bullet}{\rightarrow} \mathcal{B} \rightarrow \mathcal{C}. \tag{8.18}$$

Hemos puesto $\rightarrow \mathcal{A}$ para indicar la regla que comienza en $\mathcal{A}$, $\overset{\bullet}{\rightarrow} \mathcal{A} \wedge \mathcal{B} \rightarrow \mathcal{C}$ indica la metarregla que tiene a $\mathcal{A} \wedge \mathcal{B} \rightarrow \mathcal{C}$ como comienzo del metacálculo. Si se prescinde de la flecha inicial, y se reúnen las dos reglas en una, utilizando $\overset{\bullet\bullet}{\leftrightarrow}$ en lugar de $\overset{\bullet\bullet}{\rightarrow}$ y $\overset{\bullet\bullet}{\leftarrow}$, se obtiene

$$\mathcal{A} \overset{\bullet}{\rightarrow} \mathcal{B} \rightarrow \mathcal{C} \overset{\bullet\bullet}{\leftrightarrow} \mathcal{A} \wedge \mathcal{B} \rightarrow \mathcal{C},$$

que corresponde a la clásica regla de trasposición.

Para la demostración de (8.17) hay que justificar la admisibilidad de la regla

$$\mathcal{A} \wedge \mathcal{B} \rightarrow \mathcal{C},$$

cuando se supone hipotéticamente la admisibilidad de

$$\rightarrow \mathcal{A} \overset{\bullet}{\rightarrow} \mathcal{B} \rightarrow \mathcal{C}$$

para el metacálculo. Para poder aplicar

$$\mathcal{A} \wedge \mathcal{B} \rightarrow \mathcal{C}$$

en el cálculo, previamente deben deducirse $\mathcal{A} \wedge \mathcal{B}$ y, por tanto, también $\mathcal{A}$. En estas condiciones, $\rightarrow \mathcal{A}$ es admisible y de la metarregla hipotética se deduce que $\mathcal{B} \rightarrow \mathcal{C}$ es admisible. Puesto que también $\mathcal{B}$ debe ser deducida, una aplicación de $\mathcal{B} \rightarrow \mathcal{C}$ nos da la conclusión deseada $\mathcal{C}$, sin que haya sido aplicada

$$\mathcal{A} \wedge \mathcal{B} \rightarrow \mathcal{C}.$$

Para demostrar (8.18) tenemos que justificar en el metacálculo la admisibilidad de

$$\rightarrow \mathcal{A} \overset{\bullet}{\rightarrow} \mathcal{B} \rightarrow \mathcal{C},$$

cuando se toma en el metacálculo como iniciación hipotética

$$\mathcal{A} \wedge \mathcal{B} \to \mathcal{C}.$$

Para poder aplicar

$$\to \mathcal{A} \dot{\to} \mathcal{B} \to \mathcal{C},$$

tenemos que partir de que $\to \mathcal{A}$ sea admisible. En estas condiciones, $\mathcal{B} \to \mathcal{C}$ es admisible porque, con $\mathcal{B}$ como hipótesis, $\mathcal{C}$ es inmediatamente deducible:

0.	$\mathcal{B}$	
1.	$\mathcal{A}$	$(\to \mathcal{A})$
2.	$\mathcal{C}$	$(\mathcal{A} \wedge \mathcal{B} \to \mathcal{C})$.

Basándose en la admisibilidad general de (8.17) y (8.18) podemos completar el teorema (8.13) sobre la implicación operativa, mediante

$$\begin{aligned} &\text{si } \mathcal{A} <_K \mathcal{B} \to \mathcal{C}, \text{ entonces } \mathcal{A} \wedge \mathcal{B} <_K \mathcal{C}, \\ &\text{si } \mathcal{A} \wedge \mathcal{B} <_K \mathcal{C}, \text{ entonces } \mathcal{A} <_K \mathcal{B} \to \mathcal{C}. \end{aligned} \tag{8.19}$$

Puesto que los dos teoremas anteriores son válidos para cualquier cálculo K, puede prescindirse del índice K.

Hemos alcanzado así un sistema de teoremas que puede servirnos como *sistema de axiomas* para obtener nuevos teoremas. Exactamente igual a como pasamos en el capítulo 3 a los cálculos lógicos, basándonos en los sistemas de axiomas del capítulo 2, queremos establecer ahora nuevos *cálculos lógicos.*

Las fórmulas del cálculo estarán compuestas de los símbolos $a, b, \ldots,$ ligados mediante $\wedge$, $\vee$ y $\to$, y, naturalmente, también podrán intervenir paréntesis. Con estas fórmulas $A, B, \ldots,$ estableceremos las reglas para la deducción de las implicaciones $A < B$. En la notación relativa a las reglas, no utilizaremos ya la flecha $\to$, sino la *doble flecha* $\Rightarrow$. Análogamente, sustituiremos la coma sencilla por una *coma doble* „. Las reglas fundamentales serán:

Br 1:	$A < B$„ $B < C$	$\Rightarrow A < C$
Br 2:		$\Rightarrow A < A$
Br 3:		$\Rightarrow A \wedge B < A$
Br 4:		$\Rightarrow A \wedge B < B$
Br 5:	$C < A$„ $C < B$	$\Rightarrow C < A \wedge B$

$$\begin{array}{lrl}
\text{Br } 6: & & \Longrightarrow A < A \vee B \\
\text{Br } 7: & & \Longrightarrow B < A \vee B \\
\text{Br } 8: & A < C,, \quad B < C & \Longrightarrow A \vee B < C \\
\text{Br } 9: & A \wedge B < C & \Longrightarrow A < B \rightarrow C \\
\text{Br } 10: & A < B \rightarrow C & \Longrightarrow A \wedge B < C.
\end{array}$$

Este cálculo lo llamaremos *cálculo de* BROUWER, porque la *lógica afirmativa* en él calculizada se retrotrae sobre el *Intuicionismo* de BROUWER (1907).

(Respecto a la totalidad de éste y los demás cálculos, véase el apéndice.)

Al igual que en el epígrafe 4, se obtiene la distributividad recíproca de $\wedge$ y $\vee$, por ejemplo:

$$A \vee B \dot{\wedge} C \asymp A \wedge C \dot{\vee} B \wedge C. \tag{8.20}$$

En lugar de la regla de trasposición allí utilizada, emplearemos las Br 9 y Br 10—a estas reglas se les designa de *importación* y *exportación:*

$$\begin{array}{lrl}
1. & A \wedge C < A \wedge C \dot{\vee} B \wedge C & \text{Br } 6 \\
2. & B \wedge C < A \wedge C \dot{\vee} B \wedge C & \text{Br } 7 \\
3. & A < C \dot{\rightarrow} A \wedge C \dot{\vee} B \wedge C & \text{Br } 9 \\
4. & B < C \dot{\rightarrow} A \wedge C \dot{\vee} B \wedge C & \text{Br } 9 \\
5. & A \vee B < C \dot{\rightarrow} A \wedge C \dot{\vee} B \wedge C & \text{Br } 8 \\
6. & A \vee B \dot{\wedge} C < A \wedge C \dot{\vee} B \wedge C. & \text{Br } 10
\end{array}$$

Naturalmente, la demostración anterior no puede dualizarse, porque no disponemos de reglas duales a las de exportación e importación. Pero de (8.20) puede deducirse [véase (4.18)] la regla de separación, basándonos exclusivamente en las Br 1–Br 8—y después se deduce la distributiva, dual de (8.20—.

Si ponemos

$$\Upsilon \rightleftharpoons A \rightarrow A, \tag{8.21}$$

se obtiene la deducibilidad de $B < \Upsilon$.

DEMOSTRACIÓN:

$$1.\quad A \wedge B < A \qquad \text{Br 3}$$

$$2.\quad B < A \rightarrow A. \qquad \text{Br 9}$$

En consecuencia, $A < B$ es deducible, exactamente cuando lo es

$$\Upsilon < A \rightarrow B.$$

Para la Lógica afirmativa hay también un cálculo de GENTZEN, cuya importancia radica en que da un *procedimiento de decisión* para la deducibilidad.

Las fórmulas se componen de las variables *a, b,* ... y Υ ligadas mediante $\wedge$, $\vee$, $\rightarrow$. A partir de varias fórmulas pueden componerse fórmulas conjuntivas, sin utilizar paréntesis (esta vez no existen fórmulas adjuntivas).

Tomando *A, B,* ..., como metavariables para las fórmulas, definiremos las implicaciones *lógico-afirmativas,* como las figuras deducibles del siguiente cálculo:

G_+1: $\Longrightarrow A \wedge c < c$

$G_+2.1$: $A \wedge B_1 \wedge B_2 < C \Longrightarrow A \wedge B_2 \wedge B_1 < C$

$G_+2.2$: $\Upsilon \wedge A < B \Longrightarrow A < B$

$G_+3.1$: $A < C_1,, A < C_2 \Longrightarrow A < C_1 \wedge C_2$

$G_+3.2$: $A < C_1 \Longrightarrow A < C_1 \vee C_2$

$A < C_2 \Longrightarrow A < C_1 \vee C_2$

$G_+3.3$: $A \wedge C_1 < C_2 \Longrightarrow A < C_1 \rightarrow C_2$

$G_+4.1$: $A \dot\wedge B_1 \vee B_2 \dot\wedge B_1 < C,, A \dot\wedge B_1 \vee B_2 \dot\wedge B_2 < C$

$\Longrightarrow A \dot\wedge B_1 \vee B_2 < C$

$G_+4.2$: $A \dot\wedge B_1 \rightarrow B_2 < B_1,, A \dot\wedge B_1 \rightarrow B_2 \dot\wedge B_2 < C$

$\Longrightarrow A \dot\wedge B_1 \rightarrow B_2 < C.$

Algunas de estas reglas, por ejemplo, las $G_+3.2$ y $G_+4.2$, no son invertibles. Pero todas las reglas tienen la propiedad de que toda fórmula parcial de una premisa también es fórmula parcial de la conclusión. Además, las reglas muestran inmediatamente que toda deducción de una implicación $A_1 < C$, por adición de A_2 al implicante, se transforma en una deducción de $A_1 \wedge A_2 < C$. Por otra parte, una deducción de $A \wedge B \wedge B < C$ consta sólo de implicaciones en cuyo implicante aparece $B \wedge B$. Si en todos los lugares donde aparece sustituimos $B \wedge B$ por B, se obtiene una deducción de $A \wedge B < C$. La deducibilidad de la implicación

$$A \wedge C < C$$

es fácil de demostrar, por inducción sobre todas las fórmulas parciales de la fórmula C *(inducción formal parcial).* Si, por ejemplo, suponemos $A \wedge C_1 < C_1$ y $A \wedge C_2 < C_2$, se deduce

$$A \wedge C_1 \dot{\wedge} C_1 \rightarrow C_2 < C_1$$

y

$$A \wedge C_1 \dot{\wedge} C_1 \rightarrow C_2 \dot{\wedge} C_2 < C_2$$

por tanto,

$$A \wedge C_1 \dot{\wedge} C_1 \rightarrow C_2 < C_2$$

es decir,

$$A \dot{\wedge} C_1 \rightarrow C_2 < C_1 \rightarrow C_2.$$

Por inducción sobre todas las premisas de una implicación en una deducción *(inducción de premisas),* se demuestran las siguientes, recíprocas de las $G_+3.1$ y $G_+3.3$:

si $A < C_1 \wedge C_2$, entonces $A < C_1$ y $A < C_2$,
si $A < C_1 \rightarrow C_2$, entonces $A \wedge C_1 < C_2$.

Por ejemplo, en el segundo caso, la inducción tiene lugar del modo siguiente: si se deduce $A < C_1 \rightarrow C_2$ según $G_+3.3$, entonces $A \wedge C_1 < C_2$ aparece en la deducción. Si se deduce $A < C_1 \rightarrow C_2$, según G_+4, entonces aparecen ciertas implicaciones $A_0 < C_1 \rightarrow C_2$ en la deducción. Si se admite para éstas que también $A_0 \wedge C_1 < C_2$ es deducible, resulta inmediatamente la deducibilidad de $A \wedge C_1 < C_2$.

Para demostrar la admisibilidad de la regla transitiva mostraremos, por una inducción formal parcial (respecto a B), la admisibilidad de

$$A < B,, B \wedge C < D \Longrightarrow A \wedge C < D. \qquad (8.22)$$

1. Si ponemos una fórmula primitiva b en lugar de B, tendremos que demostrar:

$$A < b,, b \wedge C < D \Longrightarrow A \wedge C < D. \quad (8.23)$$

Aplicaremos inducción de premisas respecto a $b \wedge C < D$.

1.1. Si $b \wedge C < D$ es implicación fundamental, entonces D es fórmula primitiva. Con b en lugar de D da $A < b$ sólo $A \wedge C < D$. En los demás casos se verifica $C < D$.

1.2. Si $b \wedge C < D$ es conclusión de una regla G_+3, por ejemplo, para $D_1 \rightarrow D_2$ en lugar de D, con las premisas $b \wedge C \wedge D_1 < D_2$, entonces la hipótesis inductiva da $A \wedge C \wedge D_1 < D_2$; por tanto, $A \wedge C < D$. Si $b \wedge C < D$ es conclusión de una regla G_+4, la hipótesis inductiva da inmediatamente $A \wedge C < D$.

Supongamos demostrada (8.22) para todas las fórmulas parciales B_0 de B (en lugar de B). Para demostrar la propia (8.22), aplicaremos de nuevo la inducción de premisas respecto a $B \wedge C < D$.

2.1. Si $B \wedge C < D$ es implicación fundamental, entonces D es una fórmula primitiva, que aparece como término conjuntivo en B o en C. En ambos casos se deduce inmediatamente $A \wedge C < D$.

2.2. Si $B \wedge C < D$ es conclusión de una regla G_+3, debe razonarse como en 1.2. Si $B \wedge C < D$ es conclusión de una regla G_+4, vale lo mismo y pueden suceder dos casos:

a) B es $B_0 \dot{\wedge} B_1 \rightarrow B_2$ con las premisas

$$B \wedge C < B_1 \quad \text{y} \quad B \wedge B_2 \wedge C < D.$$

b) B es $B_0 \dot{\wedge} B_1 \vee B_2$ con las premisas

$$B \wedge B_1 \wedge C < D \quad \text{y} \quad B \wedge B_2 \wedge C < D.$$

En el caso *a)*, por la hipótesis inductiva se deduce, en primer lugar:

$$A \wedge C < B_1 \quad \text{y} \quad A \wedge B_2 \wedge C < D.$$

De $A < B_0 \dot{\wedge} B_1 \rightarrow B_2$ se deduce

$$A < B_1 \rightarrow B_2 \quad \text{y} \quad A \wedge B_1 < B_2.$$

Por consiguiente, la aplicación de (8.22) a B_1 y B_2 nos da

$$A \wedge A \wedge B_1 \wedge C < D,$$

y entonces

$$A \wedge A \wedge A \wedge C \wedge C < D, \quad \text{es decir,} \quad A \wedge C < D.$$

En el caso *b)*, como consecuencia de la hipótesis inductiva, se tiene, en primer lugar, la deducibilidad de

$$A \wedge B_1 \wedge C < D \quad \text{y} \quad A \wedge B_2 \wedge C < D.$$

Por tanto, queda por demostrar la admisibilidad de

$$A < B_1 \vee B_2,, \; A \wedge B_1 \wedge C < D,, \; A \wedge B_2 \wedge C < D \Longrightarrow A \wedge C < D. \tag{8.24}$$

Para ello, se debe aplicar la inducción de premisas respecto a

$$A < B_1 \vee B_2.$$

2.2.1. Si $A < B_1 \vee B_2$ es fórmula deducida, según G_+3, se debe aplicar (8.22) a B_1 ó B_2 en lugar de B.

2.2.2. Si $A < B_1 \vee B_2$ es deducida, según G_+4, por ejemplo, para $A_1 \rightarrow A_2$ en lugar de A, con las premisas

$$A < A_1 \quad \text{y} \quad A \wedge A_2 < B_1 \vee B_2,$$

entonces la hipótesis inductiva da

$$A \wedge A_2 \wedge C < D,$$

por tanto, con $A < A_1$, se deduce $A \wedge C < D$.

Queda así demostrada la *admisibilidad de la regla transitiva.* De ella se deduce inmediatamente *que una implicación es deducible en el* cálculo de BROUWER, *exactamente, cuando es deducible en el* cálculo *afirmativo* de GENTZEN.

En consecuencia, la deducibilidad de una implicación en la lógica afirmativa de juntores puede deducirse, por ejemplo, para

$$a \rightarrow b \mathbin{\dot{\vee}} b \rightarrow c \mathbin{\dot{\rightarrow}} d < d \rightarrow c \mathbin{\dot{\rightarrow}} d \tag{8.25}$$

del modo siguiente:

Si (8.25) es deducible, también lo será $D < d$, poniendo D en lugar de

$$a \to b \dot{\vee} b \to c \dot{\to} d \ddot{\wedge} d \to c.$$

En virtud de G_+4, $D < d$ tiene por premisas

a) $\quad D < d \quad$ y $\quad D \wedge c < d$

o bien

b) $\quad D < a \to b \dot{\vee} b \to c \quad$ y $\quad D \wedge d < d.$

El caso *a)* no da nada nuevo. En el caso *b)* hay que estudiar las dos posibilidades

$$D < a \to b, \quad \text{o bien} \quad D < b \to c,$$

es decir,

$$D \wedge a < b \quad \text{o bien} \quad D \wedge b < c.$$

En consecuencia, $D \wedge b < c$ tiene como premisas [correspondiendo al caso *a)*]

$$D \wedge b < d \quad \text{y} \quad D \wedge b \wedge c < c.$$

Por tanto, basta encontrar una deducción para $D \wedge b < d$. Correspondiente al caso *b),* basta una deducción de

$$D \wedge b < a \to b.$$

Pero $D \wedge b \wedge a < b$ es una implicación fundamental; por tanto, $D < d$ es deducible.

Puesto que las implicaciones que hay que estudiar en cada caso constan exclusivamente de fórmulas parciales de las implicaciones anteriormente dadas (y los procesos iterados pueden contarse como uno solo), siempre habrá que estudiar un número finito de posibilidades. En consecuencia, la deducibilidad en G_+1–G_+4 es siempre decidible.

La *implicación* de PEIRCE, correspondiente a la Lógica clásica,

$$a \to b \dot{\to} a < a \tag{8.26}$$

no pertenece a la Lógica afirmativa. Una deducción de (8.26), según G_+4, sólo podría tener como premisas

$$a \to b \dot{\to} a < a \to b \quad \text{y} \quad a \to b \dot{\to} a \ddot{\wedge} a < a.$$

La primera premisa sería deducible sólo si lo fuera

$$a \longrightarrow b \stackrel{\cdot}{\longrightarrow} a \stackrel{\cdot\cdot}{\wedge} a < b.$$

Pero ésta conduce a

$$a \longrightarrow b \stackrel{\cdot}{\longrightarrow} a \stackrel{\cdot\cdot}{\wedge} a \wedge a < b,$$

con lo que (8.26) no es deducible.

9. Negación

Como preparativo para la introducción de una *negación* en un cálculo arbitrario consideraremos la posibilidad de introducir algo análogo a las constantes lógicas $\curlyvee$ y $\curlywedge$. Vimos ya en el epígrafe 8 que por paso al metacálculo podemos disponer de un enlace representado por $\longrightarrow$ y que se trata de una *subjunción operativa* y, en consecuencia, que podemos definir $\curlyvee$ como $\mathcal{A} \longrightarrow \mathcal{A}$.

También sin necesidad de pasar al metacálculo se puede llegar fácilmente a la definición en un cálculo K de figuras $\curlyvee$ y $\curlywedge$, para las que sean admisibles las reglas $\mathcal{A} \longrightarrow \curlyvee$ y $\curlywedge \longrightarrow \mathcal{A}$. Por ejemplo, sea $\mathcal{C}$ una figura deducible del cálculo K; entonces, evidentemente, $\mathcal{A} \longrightarrow \mathcal{C}$ es admisible para cualquier figura $\mathcal{A}$. En consecuencia, tomaremos como $\curlyvee$ una figura deducible arbitraria. Por otra parte, si $\mathcal{C}$ es una figura no deducible, entonces $\mathcal{C} \longrightarrow \mathcal{A}$ es admisible. Puesto que esta regla no podrá ser aplicada de hecho en ninguna deducción, aunque la añadamos a las reglas fundamentales, no podrá cambiar la deducibilidad de ninguna figura. En consecuencia, tomaremos como $\curlywedge$ una figura no deducible arbitraria. Las hipótesis necesarias para nuestro razonamiento se reducen a que haya en el cálculo, por lo menos, una figura deducible y otra no deducible. En los cálculos que cumplan estas condiciones podremos introducir $\curlyvee$ y $\curlywedge$, y el sistema de reglas Br 1–Br 10 del cálculo lógico afirmativo lo podemos completar con el axioma

Br 0:
$$A < \curlyvee$$
$$\curlywedge < A.$$

Correspondientemente, para el cálculo afirmativo de GENTZEN sólo habrá que añadir a las implicaciones fundamentales de G_+1 la

$$A \wedge \curlywedge < c.$$

En estas condiciones, Br 0 se deduce fácilmente por inducción formal parcial.

La introducción de la negación no origina dificultades en el caso especial de cálculos que operan con figuras que sean proposiciones idiomáticas primitivas.

Los cálculos que posean un sistema de reglas primitivas, en el sentido del epígrafe 1, los denominaremos *cálculos primitivos*. También los cálculos primitivos pueden ampliarse mediante la adjunción y conjunción; basta añadirles:

$$a, b \rightarrow a \wedge b$$
$$a \rightarrow a \vee b$$
$$b \rightarrow a \vee b.$$

La particularidad de estos cálculos radica en el hecho de que las fórmulas primitivas aparecen siempre a pares: con $s \in P$ aparece siempre $s \in' P$. Las proposiciones formuladas mediante estos pares las denominaremos *complementarias-primitivas*.

La consistencia factible de un cálculo primitivo no es propiedad formal—exactamente igual que la veracidad factible de una proposición primitiva—. Un cálculo en el que sólo son deducibles proposiciones primitivas verdaderas-factibles debe tener la propiedad formal de que para ningún $\mathfrak{s}$ y $\mathcal{P}$ sean simultáneamente deducibles $\mathfrak{s} \in \mathcal{P}$ y $\mathfrak{s} \in' \mathcal{P}$. Si se cumplen las anteriores condiciones, lo denominaremos *consistente primitivo*. Esta consistencia indica que si se amplía con $\wedge$, todas las proposiciones de la forma $s \in P \wedge s \in' P$ son no deducibles.

Esta propiedad puede formularse como la admisibilidad de

$$s \in P \wedge s \in' P \rightarrow \curlywedge. \tag{9.1}$$

En un cálculo consistente factible, de cada par de proposiciones complementarias primitivas, a lo sumo una de ellas es deducible. Si de cada par de complementarias primitivas, cuyas proposiciones aparecen generalmente como fórmulas, por lo menos una de las proposiciones es deducible, dicho cálculo se llama *total-primitivo*. Esta totalidad puede formularse así: tras la ampliación del cálculo con $\vee$, la regla

$$\curlyvee \longrightarrow s \in P \vee s \in' P \tag{9.2}$$

debe ser admisible.

Las reglas (9.1) y (9.2) pueden interpretarse como *principios lógicos:*

(1) un predicado no puede, simultáneamente, adecuar y no adecuar a un objeto;

(2) todo predicado adecúa o no a un determinado objeto (no existe una tercera posibilidad).

Los anteriores principios eran conocidos ya de ARISTÓTELES, y tradicionalmente se denominan *principio de contradicción (principium contradictionis)* el (1), y el (2) *principio de tercero excluido (tertium non datur).* Debe observarse que en nuestra interpretación de estos principios, expresan algo sobre las cópulas $\in$ y $\in'$, pero nada sobre la negación tratada en el epígrafe 3.

No obstante, puede definirse fácilmente una negación, que no sólo a las primitivas, sino que a toda proposición A le haga corresponder otra proposición A'. Para las proposiciones primitivas pondremos:

$$\begin{aligned} (s \in P)' &\rightleftharpoons s \in' P \\ (s \in' P)' &\rightleftharpoons s \in P. \end{aligned} \tag{9.3}$$

Para proposiciones *compuestas,* es decir, no primitivas, en correspondencia con las reglas de DE MORGAN, pondremos:

$$\begin{aligned} (\mathcal{A} \wedge \mathcal{B})' &\rightleftharpoons \mathcal{A}' \vee \mathcal{B}' \\ (\mathcal{A} \vee \mathcal{B})' &\rightleftharpoons \mathcal{A}' \wedge \mathcal{B}'. \end{aligned} \tag{9.4}$$

Demostraremos que para la negación así definida, en todo cálculo primitivo K se verifica:

$$\begin{aligned} \mathcal{A} \wedge \mathcal{A}' &< \curlywedge \\ \curlyvee &< \mathcal{A} \vee \mathcal{A}' \end{aligned} \tag{9.5}$$

donde pusimos $<$ en lugar de $<_K$.

Para proposiciones primitivas (9.5) es equivalente con (9.1) y (9.2). Supongamos que $\mathcal{A}$ sea compuesta, por ejemplo, $\mathcal{A}_1 \wedge \mathcal{A}_2$, y supongamos ya demostrada (9.5) para $\mathcal{A}_1$ y $\mathcal{A}_2$. En estas condiciones las

$$\mathcal{A}_1 \wedge \mathcal{A}_2 \wedge (\mathcal{A}_1 \wedge \mathcal{A}_2)' < \curlywedge, \qquad \curlyvee < \mathcal{A}_1 \wedge \mathcal{A}_2 \dot{\vee} (\mathcal{A}_1 \wedge \mathcal{A}_2)'$$

se deducen del modo siguiente:

$$
\begin{aligned}
\mathcal{A}_1 \wedge \mathcal{A}_2 \wedge (\mathcal{A}_1 \wedge \mathcal{A}_2)' &\asymp \mathcal{A}_1 \wedge \mathcal{A}_2 \mathbin{\dot\wedge} \mathcal{A}_1' \vee \mathcal{A}_2' \\
&\asymp \mathcal{A}_1 \wedge \mathcal{A}_2 \wedge \mathcal{A}_1' \mathbin{\dot\vee} \mathcal{A}_1 \wedge \mathcal{A}_2 \wedge \mathcal{A}_2' \\
&\asymp \mathcal{A}_2 \wedge \lambda \mathbin{\dot\vee} \mathcal{A}_1 \wedge \lambda \\
&\asymp \lambda \\
\mathcal{A}_1 \wedge \mathcal{A}_2 \mathbin{\dot\vee} (\mathcal{A}_1 \wedge \mathcal{A}_2)' &\asymp \mathcal{A}_1 \wedge \mathcal{A}_2 \mathbin{\dot\vee} \mathcal{A}_1' \vee \mathcal{A}_2' \\
&\asymp \mathcal{A}_1 \vee \mathcal{A}_1' \vee \mathcal{A}_2' \mathbin{\dot\wedge} \mathcal{A}_2 \vee \mathcal{A}_1' \vee \mathcal{A}_2' \\
&\asymp \Upsilon \vee \mathcal{A}_2' \mathbin{\dot\wedge} \Upsilon \vee \mathcal{A}_1' \\
&\asymp \Upsilon.
\end{aligned}
$$

Si $\mathcal{A}$ está compuesta mediante $\vee$ será, por tanto, de la forma $\mathcal{A}_1 \vee \mathcal{A}_2$, (9.5) se deduce en forma correspondiente a la anterior.

Supongamos ahora que después de haber introducido una negación para la que valga (9.5), añadimos la subjunción. De este modo, tendremos:

$$\mathcal{A} \rightarrow \mathcal{B} \asymp \mathcal{A}' \vee \mathcal{B}. \tag{9.6}$$

Demostración de $>$:

1.	$\mathcal{A} \wedge \mathcal{A}' < \mathcal{B}$	Br 0 (9.5)
2.	$\mathcal{A}' < \mathcal{A} \rightarrow \mathcal{B}$	Br 9
3.	$\mathcal{A} \wedge \mathcal{B} < \mathcal{A}$	Br 3
4.	$\mathcal{B} < \mathcal{A} \rightarrow \mathcal{B}$	Br 9
5.	$\mathcal{A}' \vee \mathcal{B} < \mathcal{A} \rightarrow \mathcal{B}$	Br 8

Demostración de $<$:

1.	$\mathcal{A} \rightarrow \mathcal{B} \mathbin{\dot\wedge} \mathcal{A}' < \mathcal{A}' \vee \mathcal{B}$	Br 4, 6, 1
2.	$\mathcal{A} \rightarrow \mathcal{B} < \mathcal{A} \rightarrow \mathcal{B}$	Br 2
3.	$\mathcal{A} \rightarrow \mathcal{B} \mathbin{\dot\wedge} \mathcal{A} < \mathcal{B}$	Br 10
4.	$\mathcal{B} < \mathcal{A}' \vee \mathcal{B}$	Br 7
5.	$\mathcal{A} \rightarrow \mathcal{B} \mathbin{\dot\wedge} \mathcal{A} < \mathcal{A}' \vee \mathcal{B}$	Br 1
6.	$\mathcal{A} \rightarrow \mathcal{B} \mathbin{\dot\wedge} \mathcal{A} \vee \mathcal{A}' < \mathcal{A}' \vee \mathcal{B}$	Br 8 (8.20)
7.	$\mathcal{A} \rightarrow \mathcal{B} < \mathcal{A}' \vee \mathcal{B}$	Br 0 (9.5)

En los cálculos en que para toda figura $\mathcal{A}$ existe una *complementaria* $\mathcal{A}'$, en el sentido de que se verifique (9.5), la subjunción operativa coincide con la clásica. Teniendo en cuenta Br 0, de (9.6) se deduce

$$\mathcal{A} \rightarrow \curlywedge \asymp \mathcal{A}'. \tag{9.7}$$

En un cálculo arbitrario, en el que, en consecuencia, las fórmulas no necesitan ser proposiciones primitivas y, por tanto, no puede existir una negación basada en los pares complementarias de las fórmulas primitivas, la (9.7) puede utilizarse para definir una negación, mediante:

$$\overline{\mathcal{A}} \rightleftharpoons \mathcal{A} \rightarrow \curlywedge. \tag{9.8}$$

Esta negación, para los cálculos primitivos, coincide con $'$. Pondremos de manifiesto la trascendencia de la definición (9.8), en el cálculo lógico Br 0–Br 10, deduciendo algunas de las implicaciones y equivalencias más importantes.

Sin necesidad de Br 0, de (9.8) se deducen:

$$A \wedge \overline{A} < \curlywedge \tag{9.9}$$

$$A \rightarrow C \mathbin{\dot{\wedge}} A \rightarrow \overline{C} < \overline{A}, \tag{9.10}$$

que conjuntamente pueden sustituir a la definición (9.8), pues de ellas se deduce:

$$\overline{A} \asymp A \rightarrow \curlywedge. \tag{9.11}$$

Además, resultan también:

$$A \rightarrow B < \overline{B} \rightarrow \overline{A}. \tag{9.12}$$

DEMOSTRACIÓN: $A \rightarrow B \mathbin{\dot{\wedge}} B \rightarrow C < A \rightarrow C.$

$$A \rightarrow \overline{B} \asymp B \rightarrow \overline{A} \; (\asymp \overline{A \wedge B}) \tag{9.13}$$

DEMOSTRACIÓN: $A \mathbin{\dot{\rightarrow}} B \rightarrow \curlywedge \asymp A \wedge B \rightarrow \curlywedge \asymp B \mathbin{\dot{\rightarrow}} A \rightarrow \curlywedge.$

La implicación inversa de la (9.12) (que en la teoría clásica es verdadera), no puede demostrarse ahora.

$$A < \overline{\overline{A}} \tag{9.14}$$

DEMOSTRACIÓN:

$$\overline{A} \rightarrow \overline{A} \asymp A \rightarrow \overline{\overline{\overline{A}}}.$$

De nuevo la implicación inversa resulta indemostrable, pero teniendo en cuenta (9.12) resulta

$$\overline{\overline{\overline{A}}} \asymp \overline{A}. \qquad (9.15)$$

Por el contrario, para $\curlyvee$ y $\curlywedge$, al igual que en el caso clásico, se verifican

$$\overline{\curlyvee} \asymp \curlywedge \quad \text{y} \quad \overline{\curlywedge} \asymp \curlyvee.$$

DEMOSTRACIÓN: En virtud de Br 0, valen $\overline{\curlywedge} < \curlyvee$ y $\curlywedge < \overline{\curlyvee}$. De la última se deduce $\curlyvee < \overline{\curlywedge}$. El resto, $\overline{\curlyvee} < \curlywedge$, se deduce de

$$\curlyvee \rightarrow A < A.$$

Las reglas de DE MORGAN sólo valen parcialmente.

$$\overline{A \vee B} \asymp \overline{A} \wedge \overline{B}. \qquad (9.16)$$

DEMOSTRACIÓN DE $<$:

$$\curlyvee < A \rightarrow A \vee B < \overline{A \vee B} \rightarrow \overline{A};$$

correspondientemente:

$$\curlyvee < \overline{A \vee B} \rightarrow \overline{B}.$$

DEMOSTRACIÓN DE $>$:

1. $\overline{A} \wedge \overline{B} \wedge A < \curlywedge$
2. $\overline{A} \wedge \overline{B} \wedge B < \curlywedge$
3. $\overline{A} \wedge \overline{B} \dot{\wedge} A \vee B < \curlywedge$
4. $\overline{A} \wedge \overline{B} < \overline{A \vee B}$

$$\overline{A} \vee \overline{B} < \overline{A \wedge B}. \qquad (9.17)$$

DEMOSTRACIÓN:

$$\curlyvee < A \wedge B \rightarrow A < \overline{A} \rightarrow \overline{A \wedge B};$$

correspondientemente:

$$\Upsilon < \overline{B} \longrightarrow \overline{A \wedge B}.$$

Particularmente interesante es

$$\overline{\overline{A \wedge B}} \asymp \overline{\overline{A}} \wedge \overline{\overline{B}}. \tag{9.18}$$

DEMOSTRACIÓN DE $<$:
1. $A \wedge B < A$
2. $\overline{A} < \overline{A \wedge B}$
3. $\overline{\overline{A \wedge B}} < \overline{\overline{A}}$, correspondientemente $< \overline{\overline{B}}$.

DEMOSTRACIÓN DE $>$:
1. $A \wedge B < A \wedge B$
2. $A \wedge \overline{A \wedge B} < \overline{B}$
3. $\overline{\overline{B}} \wedge \overline{A \wedge B} < \overline{A}$
4. $\overline{\overline{A}} \wedge \overline{\overline{B}} < \overline{\overline{A \wedge B}}$.

En lugar de la equivalencia clásica

$$A \ulcorner\!\!- B \asymp \overline{A} \vee B,$$

aquí vale:

$$\overline{A \longrightarrow B} \asymp \overline{\overline{A} \vee B} \, (\asymp \overline{\overline{A}} \wedge \overline{B}). \tag{9.19}$$

DEMOSTRACIÓN DE $<$:
1. $\overline{A} < A \longrightarrow B$
2. $B < A \longrightarrow B$
3. $\overline{A} \vee B < A \longrightarrow B$

DEMOSTRACIÓN DE $>$:
1. $A \longrightarrow B < \overline{B} \longrightarrow \overline{A}$
2. $\overline{B} \dot{\wedge} A \longrightarrow B < \overline{A}$
3. $\overline{\overline{A}} \wedge \overline{B} \qquad < \overline{A \longrightarrow B}$.

Además, de la última línea se deduce aún

$$\overline{\overline{A \longrightarrow B}} \wedge \overline{\overline{A}} < \overline{\overline{B}},$$

por tanto, juntamente con

$$\overline{\overline{A}} \rightarrow \overline{\overline{B}} \mathbin{\dot{\wedge}} \overline{\overline{A}} \wedge \overline{B} < \curlywedge,$$

resulta

$$\overline{\overline{A \rightarrow B}} \asymp \overline{\overline{A}} \rightarrow \overline{\overline{B}}. \tag{9.20}$$

Nos encontramos así con la situación desconcertante de tener dos «Lógicas». Pero, naturalmente, esta situación no quiere decir que —pensando lógicamente—pueda llegarse mediante ellas a proposiciones contradictorias.

Lo que sucede es que las implicaciones clásicas—tal como las hemos considerado hasta ahora—sólo sirven para operar con proposiciones que estén compuestas de proposiciones primitivas. Para este tipo de proposiciones, basándonos en su condición de verdaderas o falsas factibles, definimos mediante las (9.3) y (9.4) una negación ′, y de ellas se deducen implicaciones adicionales para la subjunción.

Al operar con figuras arbitrarias de un cálculo fallan estas implicaciones adicionales. Vimos que toda implicación demostrable sobre la base de Br 0–Br 10 daba lugar a una regla, metarregla, metametarregla, ..., admisible general. Esta admisibilidad la hemos demostrado siempre, de modo que fuese dado cómo se puede evitar la aplicación de una regla supuesta admisible; por tanto, cómo se ha transformado efectivamente la deducción. Debido a esta efectividad, la Lógica afirmativa ampliada con (9.11) recibe el nombre de *Lógica efectiva.*

La Lógica clásica se obtiene de la efectiva, añadiendo el *tertium non datur*

$$\curlyvee < A \vee \overline{A}. \tag{9.21}$$

En su lugar basta añadir el *principio de estabilidad* (VAN DANTZIG, 1947):

$$\overline{\overline{A}} < A, \tag{9.22}$$

pues en estas condiciones (9.21) es consecuencia de (9.16) y $\curlyvee < \overline{\overline{A} \wedge \overline{\overline{A}}}$.

Debe señalarse que en nuestra interpretación los juntores tienen el mismo significado. Para la subjunción tenemos dos símbolos distintos, pues la flecha $\rightarrow$ empleada en la Lógica efectiva para la conexión de reglas podía haberse empleado al propio tiempo para la subjunción. Desde ahora reemplazaremos siempre el símbolo $\vdash$ por $\to$. Tanto en la Lógica clásica como en la efectiva podemos elegir para la adjunción y subjunción los mismos axiomas Br 6–Br 10. En la clásica de estos axiomas se deducen las equivalencias

$$A \vee B \asymp \overline{\overline{A} \wedge \overline{B}}$$

$$A \to B \asymp \overline{A} \vee B,$$

que no son válidas en la efectiva.

En consecuencia, la relación existente entre la Lógica clásica y la efectiva es la siguiente: toda implicación válida en la Lógica efectiva vale también en la clásica—pero no es cierta la propiedad recíproca—. El motivo de esta relación radica en el hecho de que las implicaciones clásicas sólo valen en cálculos especiales, por ejemplo, en los cálculos primitivos.

La propiedad formal que caracteriza los cálculos primitivos (prescindiendo de que sus fórmulas son proposiciones primitivas) es que toda fórmula primitiva tiene una complementaria. No obstante, la validez de la Lógica clásica no se limita a los cálculos que tienen esta propiedad. Para las proposiciones complementarias de $\mathcal{A} \wedge \mathcal{A}' \asymp \curlywedge$ y $\mathcal{A} \vee \mathcal{A}' \asymp \curlyvee$ se deduce $\mathcal{A}' \asymp \overline{\mathcal{A}}$. Aquí $\overline{\mathcal{A}}$ ya no es una proposición primitiva. Para que la Lógica clásica sea válida basta que para toda figura primitiva α del cálculo sea admisible $\curlyvee \to \alpha \vee \overline{\alpha}$. Como anteriormente, sin más que poner $^{-}$ en lugar de $'$, se deduce que $\curlyvee < \mathcal{A} \vee \overline{\mathcal{A}}$ es válida para todas las figuras compuestas con $\wedge$, $\vee$ y $\to$.

La admisibilidad de $\curlyvee \to \alpha \vee \overline{\alpha}$ es decir, la validez del *tertium non datur* para las figuras de cálculos primitivos, puede demostrarse, exactamente, cuando para dichas figuras α puede demostrarse la deducibilidad o la no deducibilidad. Por ejemplo, si α es deducible, entonces $\curlyvee \to \alpha$ es admisible y, en consecuencia, también lo es $\curlyvee \to \alpha \vee \overline{\alpha}$; por otra parte, si α no es deducible, entonces $\alpha \to \curlywedge$ es admisible y también la metarregla $\curlyvee \to \alpha \vee \overline{\alpha}$.

Por ejemplo, en el cálculo

$$\to +$$

$$x \to xo$$

$$x \to +x+$$

se cumple la anterior condición. Se ve fácilmente que una figura (compuesta de *o* y +) es deducible, exactamente, cuando el número de +-átomos es impar y los *o*-átomos están a la derecha del +-átomo central. Por tanto, en este cálculo se tiene un *procedimiento de decisión*, es decir, un procedimiento que permite decidir sobre la deducibilidad de una fórmula. También para los cálculos de la lógica de juntores hemos dado procedimientos de decisión. El concepto relativo a qué sea un procedimiento de decisión puede ser precisado de distintos modos. El más sencillo es la definición de POST, 1944. Se ha demostrado que esta definición es equivalente con otras varias propuestas anteriormente. En consecuencia, puede decirse que el concepto de cálculo decidible dado por esta definición es generalmente admitido en la actualidad.

En primer lugar, siguiendo a POST, definiremos qué es una clase *numerable* de figuras. Las figuras que consideraremos estarán compuestas de átomos, previamente dados. En general, el número de átomos dado será finito; sin embargo, no debe desecharse el caso en que el número de átomos sea infinito, por ejemplo, cuando vengan dados en la forma 0, 0′, 0″, 0‴, ... La clase de átomos la llamaremos α. En estas condiciones, las α-figuras serán figuras compuestas mediante los átomos de α. En analogía con el lenguaje ordinario, podemos llamar a α un *alfabeto*.

Diremos que una clase T de α-figuras es *numerable* cuando existe un cálculo (por tanto, un sistema finito de reglas de la forma $\mathcal{A}_1, \ldots, \mathcal{A}_n \rightarrow \mathcal{A}$) tal, que una α-figura $\mathfrak{a}$ pertenece a T, exactamente, cuando $\mathfrak{a}$ es deducible en el cálculo. Naturalmente, en el cálculo puede haber otras figuras deducibles, además de las α-figuras: T está constituido por la clase de figuras deducibles que, además, son α-figuras. A cada clase T de figuras le corresponde un alfabeto mínimo α, tal que T está formado por α-figuras: α está constituido por todos los átomos que aparecen, por lo menos, en una figura de T. En estas condiciones, la anterior definición debe entenderse en el sentido de que la clase T es numerable, cuando T es una clase numerable de α-figuras, en donde α es el alfabeto mínimo de T. Si se parte de un cálculo arbitrario, la clase de las figuras deducibles en este cálculo es siempre una clase numerable. Según POST, un cálculo con el alfabeto α *es decidible cuando también es numerable la clase de las* α*-figuras no deducibles.*

Para justificar esta definición tenemos que probar que en los cálculos cuyas figuras no deducibles son numerables existe un procedimiento de decisión en el sentido que expondremos. Se podría programar una *máquina de calcular* de modo que fuera imprimiendo en una tira de papel, una tras otra, todas las figuras deducibles y, al propio tiempo, en otra tira, una tras otra, todas las figuras no deducibles. Si se quiere decidir si una figura α es deducible o no, bastará proveer a la máquina de calcular de un aparato de lectura que controle las dos tiras de papel y que se detenga en el momento en que la figura α aparezca en una cualquiera de las bandas. Así, decir que el cálculo es decidible equivale a admitir la existencia de una máquina como la descrita, que para cada figura α es capaz de detenerse al cabo de un determinado tiempo. El tiempo exigido no es necesario que sea acotado. En consecuencia, la capacidad de decidir no se toma en sentido estricto, lo cual supondría la uniformidad de que para toda figura α bastará con el mismo intervalo de tiempo para poder decidir sobre su deducibilidad. De acuerdo con este sentido estricto de *decisión uniforme,* ni siquiera el cálculo clásico de juntores sería decidible, pues el tiempo necesario para la decisión crecería con la longitud de la fórmula a decidir.

La importancia de la distinción entre Lógica clásica y efectiva queda subrayada, a pesar de las conexiones existentes entre ellas, por el descubrimiento de CHURCH de *cálculos no decidibles.*

Para demostrar la existencia (véase SMULLYAN, 1956), partiremos de que todo cálculo puede «traducirse» en un cálculo cuyo alfabeto esté formado por sólo dos átomos, por ejemplo, 0 y 1. En efecto, si 0, 0′, 0″, ..., son los átomos de un cálculo, reemplazaremos 0 por 1, 0′ por 10, 0″ por 100, etc. De este modo, cada figura compuesta de 0, 0′, 0″, ..., se traduce en una 0, 1-figura, de forma que figuras distintas se traducen en figuras distintas. Todas las figuras traducidas son 0, 1-figuras que empiezan por 1.

Puesto que las 0, 1-figuras que aparecen dan precisamente la representación de los *números cardinales* en el sistema diádico, al mismo tiempo hemos obtenido una «*aritmetización*» del cálculo.

Todo cálculo viene definido por un sistema de reglas. Si escribimos las reglas una tras otra, el sistema de reglas tiene la forma:

$$\mathcal{A}_{11}, \mathcal{A}_{12}, \ldots \rightarrow \mathcal{A}_1; \quad \mathcal{A}_{21}, \mathcal{A}_{22}, \ldots \rightarrow \mathcal{A}_2; \quad \ldots; \\ \mathcal{A}_{n1}, \mathcal{A}_{n2}, \ldots \rightarrow \mathcal{A}_n,$$

donde las $\mathcal{A}$ representan fórmulas compuestas de 0, 1 y las variables x, x', x'', ... Si utilizamos x, $x0$, $x00$, ... como variables, la totalidad del sistema de reglas constituye una figura compuesta de los átomos 0, 1, x, „ $\longrightarrow$, y. Si todavía reemplazamos estos seis átomos por 1, 10, 100, 1000, 10 000 y 100 000, la totalidad del sistema de reglas se convierte en una 0, 1-figura. Esta figura la denominaremos *base* del cálculo.

La clase formada por todas las bases de los 0, 1-cálculos es numerable. Análogamente, la clase constituida por todas las figuras $\mathcal{A}$ deducibles en los cálculos correspondientes a una base $\mathfrak{B}$ también es numerable, la representaremos por $\vdash_{\mathfrak{B}} \mathcal{A}$. En estas condiciones es fácil demostrar que la clase de las bases $\mathfrak{B}$, para las que se verifica $\vdash_{\mathfrak{B}} \mathfrak{B}$, es numerable. Estas bases las llamaremos «*autónomas*» y las no autónomas «*heterónomas*». Naturalmente existen bases autónomas; un ejemplo de ellas lo tenemos en la base del cálculo que enumera todas las bases. El hecho de que la clase de las bases autónomas sea numerable indica que existe un cálculo que enumera exactamente la totalidad de las bases autónomas.

El cálculo de las bases autónomas no es decidible. En efecto, si fuese numerable la clase de las 0, 1-figuras, que no son bases autónomas, también lo sería la clase de las bases heterónomas (por ser numerable la clase de todas las bases). Este último resultado puede refutarse, pues se demuestra que ninguna clase numerable de bases heterónomas contiene la totalidad de las bases heterónomas.

En efecto: si $\mathfrak{B}$ es una base de un cálculo que sólo enumera bases heterónomas, entonces $\mathfrak{B}$ es heterónoma, pues la hipótesis de que $\mathfrak{B}$ fuese autónoma conduciría a la contradicción de que $\mathfrak{B}$ debería ser al propio tiempo también heterónoma. En consecuencia, un cálculo que sólo enumera bases heterónomas no enumera todas las bases heterónomas, por ejemplo, no enumera su propia base (de lo contrario sería ésta autónoma).

Esta demostración recuerda la *paradoja* de Russell en la formulación «intensional». Se dice que un concepto es «*heterológico*», cuando no adecúa a sí mismo. Supongamos que existiese un concepto (con el nombre «heterológico») que adecuase a todos los conceptos heterológicos—y sólo a éstos—tendríamos así una contradicción. En lugar de la adecuación aparece en la citada demostración la deducibilidad. No hay que pensar que deba existir una base a partir de la cual puedan deducirse exactamente la totalidad de las bases heterónomas. Reflexiones poco críticas sobre los conceptos conducen a la opinión de que debe existir un concepto que adecúe exactamente a la totalidad de conceptos heterológicos (en la formulación extensional debe existir un conjunto que contiene, exactamente, a la totalidad de conjuntos que no se contienen a sí mismos). Sólo estas opiniones equívocas pueden conducir a paradojas. Por el contrario, la susodicha demostración—al igual que el *procedimiento diagonal* de CANTOR, 1874, que utiliza la misma conclusión—está libre de paradojas. En ellas se utiliza una aplicación de la fórmula de la lógica de cuantificadores

$$\neg \bigvee_x \bigwedge_y \cdot a(x, y) \longleftrightarrow \neg a(y, y).$$

La existencia de cálculos no decidibles, así demostrada, hace que surja la pregunta de si en los cálculos arbitrarios sólo tendrán significado los resultados alcanzados mediante la Lógica efectiva o si, por el contrario, siempre puede justificarse la utilización de la Lógica clásica. Se sabe, por ejemplo, que la aplicación no crítica de la Lógica clásica, que no conocía la legitimidad de una Lógica efectiva (y que todavía a veces la ignora) no ha conducido a contradicciones. Este estado de cosas—en lo que concierne a la lógica de juntores—puede aclararse aquí fácilmente. Si

$$\begin{array}{l} \mathcal{A}_{11}, \mathcal{A}_{12}, \rightarrow \mathcal{A}_1 \\ \mathcal{A}_{21}, \mathcal{A}_{22}, \rightarrow \mathcal{A}_2 \\ \vdots \end{array}$$

son las reglas de un cálculo, y si de estas reglas, según la Lógica clásica, se deduce una fórmula $\mathcal{E}$, formada a partir de las fórmulas primitivas mediante el uso exclusivo de conjunciones y negaciones (toda fórmula clásica puede transformarse de modo que resulte equivalente a una de tales fórmulas), entonces en un cálculo efectivo se deduce $\overline{\overline{\mathcal{E}}}$. Teniendo en cuenta $\mathfrak{B} < \overline{\overline{\mathfrak{B}}}$ y las (9.18) y (9.20), de las reglas se deducen de modo efectivo las subjunciones

$$\begin{array}{l} \overline{\overline{\mathcal{A}}}_{11} \wedge \overline{\overline{\mathcal{A}}}_{12} \wedge \ldots \rightarrow \overline{\overline{\mathcal{A}}}_1 \\ \overline{\overline{\mathcal{A}}}_{21} \wedge \overline{\overline{\mathcal{A}}}_{22} \wedge \ldots \rightarrow \overline{\overline{\mathcal{A}}}_2 \\ \vdots \end{array}$$

Las fórmulas primitivas doblemente negadas que aparecen aquí son estables, es decir, para ellas vale de modo efectivo (9.22). En virtud de (9.15) y (9.18), la estabilidad se extiende a la totalidad de fórmulas compuestas con $\wedge$, $\overline{\ \ }$. En consecuencia, al reemplazar toda fórmula primitiva $\mathcal{A}$ por $\overline{\overline{\mathcal{A}}}$, la demostración clásica se transforma en una demostración efectiva de $\overline{\overline{\mathcal{E}}}$.

En particular, si en la teoría clásica fuera deducible una contradicción $\mathcal{A} \wedge \overline{\mathcal{A}}$, también efectivamente se deduciría la contradicción $\overline{\overline{\mathcal{A}}} \wedge \overline{\mathcal{A}}$, que es efectivamente equivalente a la $\overline{\overline{\mathcal{A} \wedge \overline{\mathcal{A}}}}$. En virtud de nuestra fundamentación de las reglas lógicas como reglas admisibles generales, no puede deducirse efectivamente ninguna contradicción $\mathfrak{B} \wedge \overline{\mathfrak{B}}$, pues lo anterior equivaldría a que siendo $\mathfrak{B}$ deducible y $\mathfrak{B} \rightarrow \curlywedge$ admisible, resultaría que $\curlywedge$ era deducible.

La Lógica clásica, más cómoda por su simetría, puede utilizarse también en cálculos no decidibles como *ficción*. Los resultados obtenidos deben interpretarse del modo siguiente: en primer lugar, $\mathcal{A} \vee \mathfrak{B}$, o bien $\mathcal{A} \rightarrow \mathfrak{B}$, deben reemplazarse, siempre que aparezcan, por $\overline{\overline{\overline{\mathcal{A}} \wedge \overline{\mathfrak{B}}}}$, o bien por $\overline{\overline{\mathcal{A} \wedge \overline{\mathfrak{B}}}}$, y el resultado obtenido hay que negarlo dos veces.

5

lógica de cuantores

10. Cuantor unitario y total

Las proposiciones que aparecían en la *Silogística* de la forma «todos los P son Q» o «algunos P son Q» no son proposiciones primitivas, ni compuestas formadas a partir de primitivas con el auxilio de juntores. No obstante, los *antiguos* y la *Escolástica* trataron siempre estas proposiciones como si no fueran compuestas, porque para la composición de proposiciones sólo se consideraban los juntores. Sólo en la Lógica moderna, desde FREGE y PEIRCE, se reconoció la posibilidad de considerar las proposiciones de la Silogística, antes citadas, como compuestas, formadas a partir de las proposiciones primitivas, ya estudiadas, de modo que la composición se realice no sólo mediante los juntores, sino que también se utilizan para ello las partículas lógicas «todos» y «algunos». En primer lugar, trataremos la proposición particular: «algunos $\mathcal{P}$ son $\mathcal{Q}$». Separándonos de los principios básicos dados en el epígrafe 2, para su interpretación podemos partir de la forma proposicional $s \in \mathcal{P} \wedge s \in \mathcal{Q}$. Si $\mathfrak{s} \in \mathcal{P} \wedge \mathfrak{s} \in \mathcal{Q}$ es verdadera por lo menos para un sujeto $\mathfrak{s}$, entonces, y sólo entonces, será verdadera la proposición: «algunos $\mathcal{P}$ son $\mathcal{Q}$». Por tanto, la veracidad de la proposición particular indica que de las proposiciones obtenidas al reemplazar en $s \in \mathcal{P} \wedge s \in \mathcal{Q}$, la variable sujeto s por un sujeto, por lo menos una es verdadera. Si sólo hubiese la posibilidad de hacer un número finito de sustituciones, por ser finito el número de sujetos $\mathfrak{s}_1$, $\mathfrak{s}_2$, ..., existentes, entonces «algunos P son Q», podría darse mediante la adjunción

$$\mathfrak{s}_1 \in P \wedge \mathfrak{s}_1 \in Q \vee \mathfrak{s}_2 \in P \wedge \mathfrak{s}_2 \in Q \vee \ldots \vee \mathfrak{s}_n \in P \wedge \mathfrak{s}_n \in Q.$$

Puesto que, en general, existirán un número infinito de sujetos, tendremos que introducir algo nuevo en el estudio de estas proposiciones particulares. Podríamos designar la proposición particular que estudiamos «adjunción infinita».

Con más exactitud, igual que en la Matemática se aplica para las sumas infinitas

$$f(1) + f(2) + f(3) + \ldots + f(n) + \ldots$$

un operador Σ_n, introduciremos para representar una adjunción infinita sobre la totalidad de sujetos existentes un operador $\bigvee_s$. El signo $\bigvee$ no es otra cosa que un $\vee$ mayor y recuerda la composición de *particularización* y adjunción.

La proposición particular «algunos P son Q» la simbolizaremos mediante

$$\bigvee_s (s \in P \wedge s \in Q).$$

El símbolo $\bigvee_s$, por determinar la cantidad de proposición, se denomina *cuantificador*, o siguiendo a HILBERT, abreviadamente, *cuantor*.

PEANO escribía $\exists x$ en lugar de $\bigvee_x$; HILBERT, a su vez, empleaba el símbolo $(E\,x)$.

En el caso de los cuantores, al igual que sucedía con la negación, emplearemos puntos en lugar de paréntesis para determinar el alcance del operador; por tanto, por ejemplo,

$$\bigvee_s \cdot s \in P \wedge s \in Q.$$

Si no hay punto inmediatamente detrás del cuantor, ello indica que su dominio de acción es lo más corto posible. Por ejemplo,

$$\bigvee_s s \in P \wedge s \in Q$$

indica la conjunción de $\bigvee_s s \in P$ y $s \in Q$.

Cuando tengamos cualquier fórmula $\mathcal{A}(x)$—también fuera de la Silogística—en la que aparece una variable x, simbolizaremos «$\mathcal{A}(x)$ para (por lo menos) un x» por la fórmula $\bigvee_x \mathcal{A}(x)$. Si $\mathcal{A}(x)$ no contiene más variable que la x, entonces $\bigvee_x \mathcal{A}(x)$ no contiene ninguna variable que pueda ser sustituida por constantes. En tanto que la variable x se denomina *libre* en $\mathcal{A}(x)$ (por poderse sustituir libremente por constantes), la variable x en $\bigvee_x \mathcal{A}(x)$ se denomina *ligada*. Una variable ligada no puede reemplazarse por constantes, pues la fórmula resultante carece siempre de significado.

Los cuantores pueden aplicarse siempre que existan formas proposicionales, es decir, siempre que aparezca una variable cualquiera en las fórmulas. Una proposición $\mathcal{A}(\mathfrak{r})$, en la que aparece una *constante* $\mathfrak{r}$ como nombre propio de un objeto, es habitual considerarla como una proposición «sobre $\mathfrak{r}$» y tomar el símbolo $\mathfrak{r}$ como sujeto, que juntamente con un predicado forma la proposición $\mathcal{A}(\mathfrak{r})$. A partir de una proposición primitiva $s \epsilon P$, pueden formarse tanto $\bigvee_s s \epsilon P$ como $\bigvee_P s \epsilon P$. La cuantificación se refiere al sujeto, no al predicado. Para la cuantificación no es necesario que la fórmula cuantificada haya sido tomada de un idioma natural. También en el caso en que consideremos un cálculo—en el que, por ejemplo, sus figuras se compongan de + y *o*—, si x es una variable para las +-figuras (compuestas exclusivamente de +), puede ampliarse el cálculo mediante una regla, según la cual de cada figura $\mathcal{A}(\mathfrak{r})$, en la que aparezca una +-figura $\mathfrak{r}$, puede deducirse la nueva figura $\bigvee_x \mathcal{A}(x)$. Esta regla expresa:

$$\mathcal{A}(\mathfrak{r}) \longrightarrow \bigvee_x \mathcal{A}(x).$$

Da el sentido exacto del «para (por lo menos) un x». Evidentemente aquí no se menciona el predicado. Por ello, el nombre de «*Lógica de predicados*» generalmente dado a la *Lógica de cuantores* (en QUINE, 1951: *logic of quantification)* resulta inadecuado—realmente el contenido de nuestra exposición de la *Lógica de cuantores,* coincide con lo que suele tratarse bajo el título de «*Lógica de predicados elementales*». Por no pertenecer a la Lógica formal no consideraremos aquí la «*Lógica de predicados superiores*», que, realmente, es una exposición axiomática de la *teoría de conjuntos.*

Es inmediato escribir la regla correspondiente al cuantor $\bigvee_x$ con una variable libre y en lugar de $\mathfrak{r}$:

$$\mathcal{A}(y) \longrightarrow \bigvee_x \mathcal{A}(x).$$

No obstante, a la variable libre y debe imponérsele una limitación. Puede suceder que en la fórmula $A(x)$ apareciese la variable y ligada; en este caso es necesario actuar con prudencia. Por ejemplo, la serie $\Sigma_n \frac{1}{n}$ es divergente; por tanto, también lo es la $\Sigma_n \frac{n}{n^2}$. Por el contrario, $\Sigma_n \frac{x}{n^2}$ es convergente para todo x. En consecuencia, no puede concluirse de (1) «$\Sigma_n \frac{n}{n^2}$ es divergente» sobre (2) «$\Sigma_n \frac{x}{n^2}$ es divergente para un x». Queremos decir que, en $\Sigma_n \frac{x}{n^2}$, x no es *libre respecto a* n (aunque, naturalmente, x sea libre).

En general, en una fórmula $\mathcal{A}(x)$ se dice que x es *libre respecto a* y, cuando la y colocada en lugar de x no aparece ligada en $\mathcal{A}(y)$. La citada regla debe completarse diciendo que x en $\mathcal{A}(x)$ debe ser libre respecto a y.

$$\mathcal{A}(y) \longrightarrow \bigvee_x \mathcal{A}(x) \qquad [x \text{ libre respecto a } y \text{ en } \mathcal{A}(x)]. \qquad (10.1)$$

El uso del paréntesis debe interpretarse en el siguiente sentido. Si, por ejemplo, en una fórmula $\mathcal{A}$ debe reemplazarse la variable x por la y, en todos los lugares en que aparezca como libre escribiremos en lugar de $\mathcal{A}$, en primer lugar, $\mathcal{A}(x)$, y después de efectuada la sustitución, $\mathcal{A}(y)$. Esto resulta más adecuado que la introducción de un *operador para la sustitución* $\sigma \ldots [\;]$ con el que se pudiera dar el resultado de la sustitución, por ejemplo, en la forma $\sigma_x\mathcal{A}[y]$. Debe observarse únicamente que si se da $\sigma_x\mathcal{A}[y]$ por $\mathcal{B}(y)$, $\mathcal{B}(x)$ puede ser distinto de $\mathcal{A}$: $\sigma_y\sigma_x\mathcal{A}[y][x]$ no es necesariamente igual a $\mathcal{A}$.

Por tanto, en (10.1) debe saberse que $\mathcal{A}(x)$ es la fórmula de partida y $\mathcal{A}(y)$ el resultado de la sustitución. Si partimos de $\mathcal{A}(y)$, entonces x sería libre respecto de y en $\mathcal{A}(x)$, pero no coincidirían necesariamente $\mathcal{A}(y)$ con $\sigma_x\mathcal{A}(x)[y]$. Por consiguiente, una formulación inequívoca de (10.1) es

$$\sigma_x\mathcal{A}[y] \longrightarrow \bigvee_x\mathcal{A} \qquad (x \text{ libre respecto a } y \text{ en } \mathcal{A}).$$

No obstante, continuaremos con la sugestiva notación de (10.1).

Si la variable y sólo puede representar un número finito de objetos $\mathfrak{r}_1, \ldots, \mathfrak{r}_n$, la regla (10.1) da n casos:

$$\mathcal{A}(\mathfrak{r}_\nu) \longrightarrow \bigvee_x\mathcal{A}(x) \qquad (\nu = 1, \ldots, n).$$

Estas reglas se deducen de las reglas de la adjunción $\vee$, cuando se reemplaza $\bigvee_x\mathcal{A}(x)$ por $\mathcal{A}(\mathfrak{r}_1) \vee \ldots \vee \mathcal{A}(\mathfrak{r}_n)$.

En los casos finitos aparece, en lugar de la admisibilidad de

$$\mathcal{A} \longrightarrow \mathcal{E}; \quad \mathcal{B} \longrightarrow \mathcal{E} \vdash \mathcal{A} \vee \mathcal{B} \longrightarrow \mathcal{E}$$

la siguiente

$$\mathcal{A}(\mathfrak{r}_1) \longrightarrow \mathcal{E}; \quad \mathcal{A}(\mathfrak{r}_2) \longrightarrow \mathcal{E}; \quad \ldots \vdash \bigvee_x \mathcal{A}(x) \longrightarrow \mathcal{E}.$$

Este resultado puede formularse así: si la regla $\mathcal{A}(y) \longrightarrow \mathcal{E}$ es admisible [x libre respecto a y en $\mathcal{A}(x)$], también lo es la regla

$$\bigvee_x \mathcal{A}(x) \longrightarrow \mathcal{E}.$$

En lo anterior hemos supuesto que la variable y no aparece libre en $\bigvee_x \mathcal{A}(x) \longrightarrow \mathcal{E}$. Si apareciera la y libre, entonces la regla $\mathcal{A}(y) \longrightarrow \mathcal{E}$ no daría como particularización las reglas

$$\mathcal{A}(\mathfrak{r}_1) \longrightarrow \mathcal{E}; \quad \mathcal{A}(\mathfrak{r}_2) \longrightarrow \mathcal{E}; \quad \ldots$$

Sólo bajo la condición de que la y no sea libre en $\bigvee_x \mathcal{A}(x) \longrightarrow \mathcal{E}$, puede concluirse de la admisibilidad de $\mathcal{A}(y) \longrightarrow \mathcal{E}$ sobre la de $\bigvee_x \mathcal{A}(x) \longrightarrow \mathcal{E}$. Fácilmente se reconoce que la anterior metarregla es admisible general, aun en el caso en que las variables representen infinitos objetos. En efecto, si agregamos a un cálculo los cuantores $\bigvee_x$, $\bigvee_y$, ... mediante (10.1), y la regla

$$\mathcal{A}(y) \longrightarrow \mathcal{E} \quad [x \text{ libre respecto a } y \text{ en } \mathcal{A}(x)] \tag{10.2}$$

es admisible, también lo es la regla

$$\bigvee_x \mathcal{A}(x) \longrightarrow \mathcal{E} \tag{10.3}$$

supuesto que en ella y no aparezca libre. Por tanto, en una deducción en el cálculo sólo puede utilizarse (10.3), si previamente se ha deducido $\bigvee_x \mathcal{A}(x)$, y—puesto que las figuras con un cuantor $\bigvee_x$ sólo pueden obtenerse mediante (10.1)—será necesario previamente que $\mathcal{A}(\mathfrak{r})$, para una constante $\mathfrak{r}$, sea deducida. En virtud de (10.2), de cada $\mathcal{A}(\mathfrak{r})$ se puede pasar inmediatamente a $\mathcal{E}$.

La metarregla así demostrada no puede escribirse en la forma

$$\mathcal{A}(y) \longrightarrow \mathcal{E} \vdash \bigvee_x \mathcal{A}(x) \longrightarrow \mathcal{E}$$

porque esta formulación podría interpretarse de modo que siguiera siendo válida en toda sustitución de y por una constante. Como muestra la demostración anterior, la admisibilidad de

$$\bigvee_x \mathcal{A}(x) \longrightarrow \mathcal{E}$$

sólo puede garantizarse cuando se supone admisible la regla general $\mathcal{A}(y) \longrightarrow \mathcal{E}$ con una variable y. Por tanto, en lo relativo a la admisibilidad en el metacálculo, la variable y de $\mathcal{A}(y) \longrightarrow \mathcal{E}$ no puede considerarse como variable libre. Siguiendo a PEANO, pondremos de manifiesto la condición exigida, repitiendo la variable a la derecha y debajo de la flecha. Por tanto, escribiremos

$$\mathcal{A}(y) \longrightarrow_y \mathcal{E} \vdash \bigvee_x \mathcal{A}(x) \longrightarrow \mathcal{E}. \tag{10.4}$$

Esto debe interpretarse en el sentido de que se afirma la admisibilidad de

$$\bigvee_x \mathcal{A}(x) \longrightarrow \mathcal{E},$$

cuando es admisible la regla $\mathcal{A}(y) \longrightarrow \mathcal{E}$ (en la que y no puede reemplazarse por una constante). La admisibilidad de una regla $\mathcal{A}(y) \longrightarrow \mathcal{E}$ con una variable y indica naturalmente la admisibilidad del paso de $\mathcal{A}(\mathfrak{r})$ a $\mathcal{E}$, *para todo* $\mathfrak{r}$. El nuevo enlace de la variable y, introducido mediante $\longrightarrow_y$, puede expresarse verbalmente añadiendo «para cada y», o bien «para todo y».

En consecuencia, nos vemos obligados a considerar junto al cuantor $\bigvee_x$, que se traduce por «para un x», un nuevo cuantor que simbolice «para todo x». Nos hemos encontrado por primera vez con este nuevo enlace de variables en el grado meta (es decir, aplicado a reglas en lugar de fórmulas). En lo sucesivo estudiaremos este nuevo cuantificador en el grado de los objetos. Por tanto, para las fórmulas $\mathcal{A}(x)$ introducimos junto al cuantor $\bigvee_x$ (que para distinguirlo lo designaremos *cuantor unitario)* un nuevo cuantor, el *cuantor total.* De nuevo partiremos de una variable x, que puede representar un número finito de objetos $\mathfrak{r}_1$, $\mathfrak{r}_2$, ..., $\mathfrak{r}_n$. La afirmación de ser $\mathcal{A}(x)$ válida para todo x indica, en estas condiciones, que es válida

$$\mathcal{A}(\mathfrak{r}_1) \wedge \ldots \wedge \mathcal{A}(\mathfrak{r}_n).$$

Representaremos esta conjunción por $\bigwedge_x \mathcal{A}(x)$, mediante el cuantor total $\bigwedge_x$, cuya forma debe recordar $\wedge$. En lugar de $\bigwedge_x$, PEANO escribía (x) y GENTZEN $\forall x$.

De las admisibilidades válidas para la conjunción se deduce—siempre para un número finito de constantes—, en el caso de que x sea libre respecto a y en $\mathcal{A}(x)$,

$$\begin{gathered} \vdash \wedge_x \mathcal{A}(x) \rightarrow \mathcal{A}(y) \\ \mathcal{E} \rightarrow_y \mathcal{A}(y) \vdash \mathcal{E} \rightarrow \wedge_x \mathcal{A}(x) \quad [y \text{ no libre en } \mathcal{E} \rightarrow \wedge_x \mathcal{A}(x)] \end{gathered} \tag{10.5}$$

Si x es una variable que representa a infinitos objetos, un cálculo en el que aparezca la fórmula $\mathcal{A}(\mathfrak{r})$, no puede ampliarse mediante una regla—como hicimos con (10.1) en el caso del cuantor unitario—para la introducción de $\wedge_x$.

La regla

$$a, b \rightarrow a \wedge b$$

que utilizamos para la introducción de $\wedge$, no puede generalizarse, ya que una regla sólo puede tener un número finito de premisas. Ahora es necesario emplear, en lugar de una regla, una metarregla. Tomando Υ como figura deducible, se amplía el cálculo mediante

$$\Upsilon \rightarrow_y \mathcal{A}(y) \overset{\bullet}{\rightarrow} \wedge_x \mathcal{A}(x). \tag{10.6}$$

Esta metarregla indica que la figura $\wedge_x \mathcal{A}(x)$ es deducible en un cálculo si (y sólo si), se ha demostrado previamente la admisibilidad de la regla $\Upsilon \rightarrow_y \mathcal{A}(y)$. Un cálculo, ampliado por (10.6), sólo sigue siendo cálculo en sentido impropio: para las reglas admisibles no hay un procedimiento de deducción análogo al existente para las fórmulas deducibles. Igual que en la Lógica efectiva, las implicaciones $\rightarrow$ sólo pueden introducirse por metaconsideraciones, lo mismo sucede aquí con la *generalización* (es decir, la cuantificación con $\wedge_x$). La interpretación dialéctica (véase apéndice) evita tales metaconsideraciones.

Para cálculos arbitrarios, la validez de la admisibilidad (10.5) es fácil de reconocer. Si $\Upsilon \rightarrow_y \mathcal{A}(y)$ es admisible, entonces $\mathcal{A}(\mathfrak{r})$ es deducible para todo $\mathfrak{r}$, es decir,

$$\wedge_x \mathcal{A}(x) \rightarrow \mathcal{A}(\mathfrak{r})$$

es admisible para todo $\mathfrak{r}$, y, por consiguiente, en lugar de $\mathfrak{r}$ puede escribirse una variable y, cuando sea x libre respecto a y. Si $\mathcal{E} \rightarrow_y \mathcal{A}(y)$ es admisible, también lo es $\mathcal{E} \rightarrow \wedge_x \mathcal{A}(x)$, siempre que y no aparezca aquí como libre. Para aplicar la regla $\mathcal{E} \rightarrow \bigwedge_x \mathcal{A}(x)$ en una deducción, previamente debe ser deducida $\mathcal{E}$. En virtud de la regla $\mathcal{E} \rightarrow_y \mathcal{A}(y)$ se puede deducir entonces $\mathcal{A}(\mathfrak{r})$ para todo $\mathfrak{r}$ [como y no aparece libre en $\mathcal{E} \rightarrow \bigwedge_x \mathcal{A}(x)$, no cambia la fórmula $\mathcal{E}$ cuando se reemplaza la variable y por $\mathfrak{r}$, y se transforma $\mathcal{A}(y)$ en $\mathcal{A}(\mathfrak{r})$], es decir, $\curlyvee \rightarrow_x \mathcal{A}(x)$ es admisible, $\bigwedge_x \mathcal{A}(x)$ deducible.

Hemos demostrado así la validez *efectiva* de las reglas lógicas para los dos cuantores, reglas que se deducen inmediatamente de la interpretación de $\bigvee_x$ como adjunción infinita y de $\bigwedge_x$ como conjunción infinita. Para llegar a las implicaciones lógicas entre fórmulas en cuya composición intervengan no sólo juntores sino también cuantores, es necesario establecer un nuevo cálculo lógico. Por las mismas razones que nos opusimos a la denominación de «*Lógica de predicados*», evitaremos el nombre habitual de «*Cálculo de predicados*», y en su lugar al nuevo cálculo lo designaremos *Cálculo de cuantores.*

Las fórmulas del cálculo estarán compuestas de:

1) Los símbolos *a, b,* ... (que en las aplicaciones deben interpretarse como variables proposicionales) incluyendo $\curlyvee$ y $\curlywedge$;

2) los símbolos $a(x)$, $b(y)$, ...

$a(x_1, x_2)$, $b(y_1, y_2)$ ...

⋮

(estos símbolos deben interpretarse en las aplicaciones como variables para las formas proposicionales, con *x, y,* ..., como *variables de objetos);*

3) los juntores $\wedge$, $\vee$, $\rightarrow$, de modo que si A y B son fórmulas, también lo son $(A \wedge B)$, $(A \vee B)$ y $(A \rightarrow B)$;

4) los cuantores $\bigwedge_x$, $\bigvee_x$, de modo que si A es una fórmula y x una variable, $\bigwedge_x A$ y $\bigvee_x A$ son fórmulas.

Las fórmulas a, $b(x)$, $c(x, y)$, ..., las denominaremos *primitivas* y los símbolos *a, b, c,* ..., que en ellas intervienen *esenciales.* En estas condiciones, $\bigwedge_x A$ es una fórmula, sin que sea necesario que x aparezca en A, a pesar de ello, escribiremos generalmente $\bigwedge_x A(x)$, para evitar el empleo de un operador sustitución.

Para la deducción de implicaciones $A \prec B$, el cálculo de cuantores contiene la totalidad de las reglas Br 0–Br 10 y, además, en el caso en que x sea libre respecto a y en $A(x)$:

$$
\begin{array}{lrl}
Q\,1: & & \Longrightarrow \bigwedge_x A(x) \prec A(y) \\
Q\,2: & C \prec A(y) & \Longrightarrow C \prec \bigwedge_x A(x) \quad (y \text{ no libre en la conclusión}) \\
Q\,3: & & \Longrightarrow A(y) \prec \bigvee_x A(x) \\
Q\,4: & A(y) \prec C & \Longrightarrow \bigvee_x A(x) \prec C \quad (y \text{ no libre en la conclusión}).
\end{array}
$$

En Q 2 y Q 4 no es necesario que la variable y sea ligada, pues el cálculo no prevee ninguna sustitución de y. En el cálculo no se utiliza aquí a y como variable, sino sólo como una figura atómica del cálculo.

El cálculo Br 0–Br 10, Q 1–Q 4, es el *cálculo afirmativo de cuantores.* De nuevo la negación puede introducirse mediante

$$\neg A \rightleftharpoons \overline{A} \rightleftharpoons A \rightarrow \curlywedge.$$

La extensión del *cálculo afirmativo de cuantores,* respecto al *cálculo clásico de cuantores,* tiene lugar, como en la Lógica de juntores, por adición de

$$\overline{\overline{A}} \prec A.$$

En virtud de Q 1–Q 4, en el cálculo clásico de nuevo es válido el principio de dualidad, en el que ahora también deberán permutarse $\bigwedge_x$ y $\bigvee_x$.

Recopilaremos a continuación las fórmulas y reglas deducibles más importantes del cálculo de cuantores. Si no se advierte nada en contra, los teoremas valen no sólo para el cálculo clásico, sino también para el efectivo.

$$A(x) \prec B(x) \Longrightarrow \bigwedge_x A(x) \prec \bigwedge_x B(x) \qquad (10.7)$$

$$A(x) \prec B(x) \Longrightarrow \bigvee_x A(x) \prec \bigvee_x B(x) \qquad (10.8)$$

DEMOSTRACIÓN: Por ser $\bigwedge_x A(x) \prec A(x)$ [x es libre respecto a x], de $A(x) \prec B(x)$ se deduce, en primer lugar,

$$\bigwedge_x A(x) \prec B(x).$$

Resulta

$$\bigwedge_x A(x) \prec \bigwedge_x B(x),$$

puesto que x no aparece aquí como libre. La demostración de (10.8) es dual de la dada. Como caso particular de las anteriores se deduce la equivalencia de $\wedge_x A(x)$ con $\wedge_x B(x)$ o de $\vee_x A(x)$ con $\vee_x B(x)$, cuando $A(x)$ y $B(x)$ son equivalentes. Por tanto, si en una fórmula A de Lógica de cuantores se reemplaza una fórmula parcial por otra equivalente a ella, la nueva fórmula obtenida será equivalente a la A.

$$\wedge_x A(x) \asymp \wedge_y A(y) \tag{10.9}$$

$$\vee_x A(x) \asymp \vee_y A(y) \tag{10.10}$$

[x libre respecto a y, e y no libre en $A(x)$].

Demostración: Se verifica

$$\wedge_x A(x) \prec A(y)$$

y de ésta se deduce

$$\wedge_x A(x) \prec \wedge_y A(y).$$

Por otra parte, y es libre respecto a x, y x no libre en $A(y)$ —por ser $A(y)$ el resultado de la sustitución $\sigma_x A(x)[y]$, por tanto, y aparece exclusivamente en los lugares en que x figure como libre—, y $A(x)$ es el resultado de la sustitución $\sigma_y A(y)[x]$. Por consiguiente, se obtiene también

$$\wedge_y A(y) \prec \wedge_x A(x).$$

La demostración de (10.10) es dual de la dada.

Estas equivalencias indican que en toda fórmula—bajo las condiciones dadas para las variables—puede una variable ligada «*cambiarse*» por otra.

Correspondientemente, en una implicación $A(x) \prec B(x)$ una variable libre x puede *cambiarse* por una variable, respecto a la cual x sea libre.

$$A(x) \prec B(x) \Longrightarrow A(y) \prec B(y) \tag{10.11}$$

[x libre respecto a y en $A(x)$ y $B(x)$].

Demostración: De $A(x) \prec B(x)$ se deduce

$$\curlyvee \prec A(x) \longrightarrow B(x)$$

y de ésta

$$\curlyvee \prec \wedge_x \cdot A(x) \longrightarrow B(x).$$

Por verificarse

$$\wedge_x \cdot A(x) \longrightarrow B(x) \cdot < A(y) \longrightarrow B(y)$$

se deduce

$$\curlyvee < A(y) \longrightarrow B(y)$$

es decir:

$$A(y) < B(y).$$

$$\wedge_x \wedge_y A(x, y) \asymp \wedge_y \wedge_x A(x, y) \tag{10.12}$$

$$\vee_x \vee_y A(x, y) \asymp \vee_y \vee_x A(x, y) \tag{10.13}$$

Demostración:

$$\begin{aligned} \wedge_x \wedge_y A(x, y) &< \wedge_y A(x, y) < A(x, y) \\ \ldots \quad &< \wedge_x A(x, y) \\ \ldots \quad &< \wedge_y \wedge_x A(x, y) \end{aligned}$$

Correspondientemente se demuestra (10.13).

En lo sucesivo emplearemos las siguientes abreviaturas: $\wedge_{x,y}$ en lugar de $\wedge_x \wedge_y$, análogamente, $\vee_{x,y}$ en lugar de $\vee_x \vee_y$, $\wedge_{x_1, x_2} \ldots$ en lugar de $\wedge_{x_1} \wedge_{x_2} \ldots$, etc.

$$\wedge_x A(x) < \vee_x A(x) \tag{10.14}$$

Demostración:

$$\wedge_x A(x) < A(x) < \vee_x A(x).$$

En esta demostración se ve que las reglas del cálculo sólo valen cuando las variables x, y, ... son variables correspondientes a una clase no vacía de objetos. Se hace esta hipótesis sobre los objetos, porque de no hacerla habría que incluir el caso de una clase vacía de objetos, lo cual complicaría grandemente las reglas.

$$\vee_x \wedge_y A(x, y) < \wedge_y \vee_x A(x, y) \tag{10.15}$$

Demostración: De

$$\wedge_y A(x, y) < A(x, y) < \vee_x A(x, y)$$

se deduce

$$\wedge_y A(x, y) < \wedge_y \vee_x A(x, y)$$

y

$$\vee_x \wedge_y A(x, y) < \wedge_y \vee_x A(x, y).$$

La (10.15)—como la (10.14)—es dual de sí misma. Naturalmente, no se puede invertir la implicación sin permutar al propio tiempo los cuantores.

En los teoremas dados hasta ahora, en su formulación no aparecían juntores; a partir de este momento estudiaremos las relaciones entre cuantores y juntores.

$$\bigwedge_x \cdot A(x) \wedge B(x) \cdot \asymp \bigwedge_x A(x) \wedge \bigwedge_x B(x) \tag{10.16}$$

$$\bigvee_x \cdot A(x) \vee B(x) \cdot \asymp \bigvee_x A(x) \vee \bigvee_x B(x) \tag{10.17}$$

DEMOSTRACIÓN:

(1) $\bigwedge_x \cdot A(x) \wedge B(x) \cdot \prec A(x) \wedge B(x)$

$\prec A(x)$

$\prec \bigwedge_x A(x);$

análogamente:

$\prec \bigwedge_x B(x),$

por tanto,

$\prec \bigwedge_x A(x) \wedge \bigwedge_x B(x).$

(2) $\bigwedge_x A(x) \wedge \bigwedge_x B(x) \prec \bigwedge_x A(x)$

$\prec A(x);$

análogamente:

$\prec B(x),$

por tanto,

$\prec A(x) \wedge B(x)$

y

$\prec \bigwedge_x \cdot A(x) \wedge B(x).$

La demostración de (10.17) es dual de la dada.

$$\bigwedge_x A(x) \vee \bigwedge_x B(x) \prec \bigwedge_x \cdot A(x) \vee B(x) \tag{10.18}$$

$$\bigvee_x \cdot A(x) \wedge B(x) \cdot \prec \bigvee_x A(x) \wedge \bigvee_x B(x) \tag{10.19}$$

La demostración de (10.18) es consecuencia inmediata de

$$A(x) \prec A(x) \vee B(x)$$
$$B(x) \prec A(x) \vee B(x),$$

la de (10.19) es dual de la anterior.

Estas implicaciones no pueden invertirse. No obstante, si x no aparece como libre en A, entonces se verifica:

$$\bigvee_x \cdot A \wedge B(x) \cdot \asymp A \wedge \bigvee_x B(x) \qquad (10.20)$$

DEMOSTRACIÓN:

(1) De $B(x) \prec \bigvee_x B(x)$

se deduce

$$A \wedge B(x) \prec A \wedge \bigvee_x B(x),$$

por tanto, (10.20) con $\prec$ en lugar de $\asymp$, porque x no aparece libre en $A \wedge \bigvee_x B(x)$.

(2) De $A \wedge B(x) \prec \bigvee_x \cdot A \wedge B(x)$

se deduce

$$B(x) \prec A \rightarrow \bigvee_x \cdot A \wedge B(x)$$
$$\bigvee_x B(x) \prec A \rightarrow \bigvee_x \cdot A \wedge B(x).$$

Por tanto,

$$A \wedge \bigvee_x B(x) \prec \bigvee_x \cdot A \wedge B(x).$$

La primera mitad de la demostración puede dualizarse para el cálculo efectivo y resulta

$$A \vee \bigwedge_x B(x) \prec \bigwedge_x . A \vee B(x). \qquad (10.21)$$

En la teoría clásica vale la equivalencia siguiente—dual de la (10.20)—

$$\bigwedge_x . A(x) \rightarrow B . \asymp \bigvee_x A(x) \rightarrow B \quad (x \text{ no libre en } B) \qquad (10.22)$$

DEMOSTRACIÓN:

(1) $\bigwedge_x . A(x) \rightarrow B . \prec A(x) \rightarrow B$

$$A(x) \prec \bigwedge_x . A(x) \rightarrow B . \rightarrow B$$
$$\bigvee_x A(x) \prec \bigwedge_x . A(x) \rightarrow B . \rightarrow B$$

(2) De $A(x) \prec \bigvee_x A(x)$

se deduce

$$\bigvee_x A(x) \longrightarrow B \prec A(x) \longrightarrow B.$$

En la lógica efectiva de nuevo sólo vale como implicación:

$$\bigvee_x . A(x) \longrightarrow B . \prec \bigwedge_x A(x) \longrightarrow B \quad (x \text{ no libre en } B) \tag{10.23}$$

DEMOSTRACIÓN: De acuerdo con la segunda mitad de la demostración de (10.22), se deduce de

$$\bigwedge_x A(x) \prec A(x)$$
$$A(x) \longrightarrow B \prec \bigwedge_x A(x) \longrightarrow B.$$

Si reemplazamos en (10.22) y (10.23) la fórmula B por $\curlywedge$, resultan:

$$\bigwedge_x \neg A(x) \asymp \neg \bigvee_x A(x) \tag{10.24}$$

$$\bigvee_x \neg A(x) \prec \neg \bigwedge_x A(x). \tag{10.25}$$

En la teoría clásica se obtiene la recíproca de (10.25) por dualización de (10.24), y con ello las reglas de DE MORGAN de la Lógica de cuantores. En estas condiciones, en la teoría clásica puede obtenerse también la recíproca de (10.23), ya que

$$\begin{aligned} \bigvee_x . A(x) \longrightarrow B . &\asymp \bigvee_x . \neg A(x) \vee B. \\ &\asymp \bigvee_x \neg A(x) \vee B \\ &\asymp \neg \bigwedge_x A(x) \vee B \\ &\asymp \bigwedge_x A(x) \longrightarrow B. \end{aligned}$$

En la Lógica clásica las equivalencias demostradas permiten transformar toda fórmula en una *forma normal* equivalente a ella. A su vez, las reglas de DE MORGAN permiten trasladar las negaciones sobre las fórmulas primitivas. En estas condiciones, cambiaremos de letra a las variables ligadas, de modo que dos cuantores no tengan la misma variable y, además, sean distintas las variables ligadas de las libres. Por reiterada aplicación de las equivalencias (10.16), (10.17), (10.20) y (10.21) pueden irse desplazando los cuantores hacia la izquierda. De este modo puede llegarse a una fórmula en la que todos los cuantores están al principio y en la que la acción de estos cuantores se extiende hasta el final de la fórmula.

Para la doble negación señalemos aun los teoremas efectivos

$$\neg\neg \bigwedge_x A(x) < \bigwedge_x \neg\neg A(x) \tag{10.26}$$

$$\bigvee_x \neg\neg A(x) < \neg\neg \bigvee_x A(x) \tag{10.27}$$

DEMOSTRACIÓN: De

$$\bigwedge_x A(x) < A(x)$$

se deduce

$$\neg\neg \bigwedge_x A(x) < \neg\neg A(x);$$

correspondientemente se demuestra (10.27).

Las recíprocas son ciertas en el cálculo clásico pero no en el efectivo.

Ahora podemos definir la relación silogística *a*, utilizada en el capítulo 1, como una sencilla aplicación de la Lógica de cuantores. Pondremos

$$P\,a\,Q \rightleftharpoons \bigwedge_s .\, s \in P \rightarrow s \in Q.$$

Evidentemente, los axiomas del capítulo 1 expresan ahora teoremas de la Lógica de cuantores:

I: $\bigwedge_s .\, s \in P \rightarrow s \in M \,.\wedge \bigwedge_s .\, s \in M \rightarrow s \in Q. \;< \bigwedge_s .\, s \in P \rightarrow s \in Q.$

II: $\bigwedge_s .\, s \in P \rightarrow s \in P.$

También las conclusiones utilizadas implícitamente en el capítulo 1 —si no pertenecen a la Lógica de juntores—se reconoce fácilmente que pertenecen a la Lógica de cuantores. Así, por ejemplo, la definición de *i* utilizaba la fórmula

$$\bigvee_M .\, M\,a\,P \wedge M\,a\,Q.$$

En lugar de las definiciones del capítulo 1 se aplican, más generalmente, las

$$P\,i\,Q \rightleftharpoons \bigvee_s .\, s \in P \wedge s \in Q.$$

$$P\,e\,Q \rightleftharpoons \bigwedge_s .\, s \in P \rightarrow s \in' Q.$$

$$P\,o\,Q \rightleftharpoons \bigvee_s .\, s \in P \wedge s \in' Q.$$

De estas definiciones se deduce, en cálculo efectivo:

$$P\,e\,Q \asymp \neg\, P\, i\, Q$$
$$P\,a\,Q \asymp \neg\, P\, o\, Q.$$

Para demostrarlas introduciremos, como abreviatura de aplicación general, los *cuantores condicionados:*

$$\left.\begin{aligned} &\underset{A(x)}{\wedge_x} B(x) \rightleftharpoons \wedge_x . A(x) \longrightarrow B(x). \\ &\underset{A(x)}{\vee_x} B(x) \rightleftharpoons \vee_x . A(x) \wedge B(x). \end{aligned}\right\} \qquad (10.28)$$

Con los cuantores condicionados puede operarse de modo enteramente igual que con los ordinarios.

En el cálculo efectivo, como generalización de (10.22), vale

$$\underset{A(x)}{\wedge_x} . B(x) \longrightarrow C . \asymp \underset{A(x)}{\vee_x} B(x) \longrightarrow C \qquad (10.29)$$

siempre que x no sea libre en C.

Para demostrarla basta reemplazar el primer miembro por

$$\wedge_x . A(x) \overset{\bullet}{\longrightarrow} B(x) \longrightarrow C.$$

Esta fórmula es equivalente con

$$\wedge_x . A(x) \wedge B(x) \longrightarrow C.$$

En estas condiciones, la aplicación de (10.22) da la equivalencia deseada.

Como caso particular de (10.29) se deduce

$$\underset{A(x)}{\wedge_x} \neg\, B(x) \asymp \neg \underset{A(x)}{\vee_x} B(x), \qquad (10.30)$$

con lo que queda de manifiesto que e es la negación de i y a la negación de o. En la teoría clásica por doble negación se obtiene

$$\neg \underset{A(x)}{\wedge_x} B(x) \asymp \underset{A(x)}{\vee_x} \neg\, B(x). \qquad (10.31)$$

En general, la implicación (10.14) no es válida para los cuantores condicionados.

La implicación

$$\underset{A(x)}{\bigwedge_x} B(x) < \underset{A(x)}{\bigvee_x} B(x)$$

vale si, y sólo si, se supone adicionalmente $\bigvee_x A(x)$. Por una parte, se tiene:

$$\begin{aligned} A(x) \wedge \underset{A(x)}{\bigwedge_x} B(x) &< B(x) \\ &< A(x) \wedge B(x) \\ &< \underset{A(x)}{\bigvee_x} B(x), \end{aligned}$$

por tanto,

$$\bigvee_x A(x) \wedge \underset{A(x)}{\bigwedge_x} B(x) < \underset{A(x)}{\bigvee_x} B(x).$$

Por otra parte,

$$\underset{A(x)}{\bigvee_x} B(x) < \bigvee_x A(x),$$

por tanto,

$$\neg \bigvee_x A(x) < \neg \underset{A(x)}{\bigvee_x} B(x)$$

pero, también,

$$\neg \bigvee_x A(x) < \bigwedge_x \neg A(x) < \underset{A(x)}{\bigwedge_x} B(x).$$

Con las actuales definiciones de las relaciones silogísticas no se verifica

$$P\,a\,Q < P\,i\,Q$$

ni

$$P\,e\,Q < P\,o\,Q.$$

Por consiguiente, los modos que en la clave escolástica llevaban la letra *p* (darapti, felapton, fesapo, bamalip) y los modos subalternos, no son válidos si no se hace la hipótesis adicional $\bigvee_s s \in P$. En la Escolástica la conclusión de $\tilde{a}$ sobre *i*, o de *e* sobre $\tilde{o}$, se denominaba *conversio per accidens*—y en esta conversión, que fue necesaria para la demostración, debía estar presente la *p*.

Debido a las grandes diferencias existentes entre las lógicas efectiva y clásica, surge de nuevo la cuestión: ¿Bajo qué circunstancias —o en el sentido de qué *ficción*—se puede utilizar la Lógica de cuantores clásica para los cálculos? Incluso en el caso de cálculos decidibles no es posible demostrar la validez de la Lógica clásica, tal como se hizo en el caso de la Lógica de juntores. Allí habíamos concluido para (9.5) de la deducibilidad de $\mathcal{A} \vee \overline{\mathcal{A}}$ y $\mathcal{B} \vee \overline{\mathcal{B}}$ con valor efectivo, la deducibilidad de $\mathcal{A} \wedge \mathcal{B} \mathbin{\dot{\vee}} \overline{\mathcal{A}} \vee \overline{\mathcal{B}}$. Pero ahora, de $\mathcal{A}(x) \vee \overline{\mathcal{A}(x)}$ no se concluye, de modo efectivo, sobre

$$\bigwedge_x \mathcal{A}(x) \vee \bigvee_x \overline{\mathcal{A}(x)}.$$

De hecho, efectivamente sólo vale

$$\mathcal{A}(x) \vee \overline{\mathcal{A}(x)} < \mathcal{A}(x) \vee \bigvee_x \overline{\mathcal{A}(x)}$$

$$\bigwedge_x . \mathcal{A}(x) \vee \overline{\mathcal{A}(x)} . < \bigwedge_x . \mathcal{A}(x) \vee \bigvee_x \overline{\mathcal{A}(x)}.$$

y falta la posibilidad de poder concluir de

$$\bigwedge_x . \mathcal{A}(x) \vee \mathcal{B}.$$

[en donde hemos puesto $\mathcal{B}$ en lugar de la fórmula $\bigvee_x \overline{\mathcal{A}(x)}$] sobre $\bigwedge_x \mathcal{A}(x) \vee \mathcal{B}$. Esta «invalidez» del *tertium nos datur* fue descubierta por Brouwer en 1907; y este descubrimiento constituyó el primer paso en dirección a la Lógica efectiva, partiendo de la clásica. En el *Intuicionismo,* fundado por él, Brouwer dedujo del resultado anterior que la Lógica clásica no puede aplicarse a una infinidad de objetos (en los que, por tanto, los cuantores no pueden reducirse sobre los juntores). Por muy indiscutible que sea esta postura, a pesar de la prohibición de Brouwer, queda la posibilidad de aplicar la Lógica clásica de cuantores como una *ficción.*

La demostración dada para la aplicabilidad ficticia de la Lógica de juntores (en el caso de cálculos no decidibles), basta modificarla ligeramente para que sirva en el caso actual. Si las

$$\begin{array}{c} \mathcal{A}_{11}, \mathcal{A}_{12}, \ldots \longrightarrow_{x,y,\ldots} \mathcal{A}_1 \\ \mathcal{A}_{21}, \mathcal{A}_{22}, \ldots \longrightarrow_{x,y,\ldots} \mathcal{A}_2 \\ \vdots \end{array} \qquad (10.32)$$

son reglas de cálculos en los que no interviene ninguna variable libre más, para la aplicación de la Lógica clásica, se debe partir de las fórmulas

$$\begin{array}{l} \bigwedge_{x,y}, \ldots \mathcal{A}_{11} \wedge \mathcal{A}_{12} \ldots \rightarrow \mathcal{A}_1 . \\ \bigwedge_{x,y}, \ldots \mathcal{A}_{21} \wedge \mathcal{A}_{22} \ldots \rightarrow \mathcal{A}_2 . \\ \vdots \end{array} \tag{10.33}$$

y deducir conclusiones de ellas mediante la aplicación de las reglas del cálculo clásico de cuantores. Sea, por ejemplo, $\mathcal{E}$ una fórmula que puede deducirse del modo indicado. Al igual que las restantes fórmulas necesarias para la demostración, $\mathcal{E}$ puede escribirse en forma clásica con la única ayuda de los símbolos $\wedge$, $\overline{}$ y $\bigwedge_x$. Ahora, toda fórmula $\mathcal{A}$ que aparezca en la demostración de $\mathcal{E}$ la aplicaremos sobre una fórmula $+\mathcal{A}$, que se obtiene al reemplazar la totalidad de fórmulas primitivas de que está compuesta $\mathcal{A}$ por su doble negación. Si en $\mathcal{A}$ no aparece ningún cuantor total, se verifica

$$+\mathcal{A} \asymp \overline{\overline{\mathcal{A}}},$$

pero, por no ser invertible la (10.26), en general no es válida la anterior. No obstante, todas las fórmulas $+\mathcal{A}$ son estables, es decir, se verifica

$$\overline{\overline{+\mathcal{A}}} < +\mathcal{A}.$$

Esta propiedad, para fórmulas primitivas $\mathcal{A}$, es trivial. En estas condiciones, si $+\mathcal{A}$ y $+\mathcal{B}$ son estables, también lo son $+(\mathcal{A} \wedge \mathcal{B})$ y $+\overline{\mathcal{A}}$. En virtud de

$$\neg\neg \bigwedge_x +\mathcal{A}(x) < \bigwedge_x \neg\neg +\mathcal{A}(x) < \bigwedge_x +\mathcal{A}(x),$$

de la estabilidad de $+\mathcal{A}(x)$ se deduce la estabilidad de

$$+\bigwedge_x \mathcal{A}(x) \asymp \bigwedge_x +\mathcal{A}(x).$$

Además, de (10.33) se deduce, de modo efectivo,

$$\begin{array}{l} \bigwedge_{xy}, \ldots \overline{\overline{\mathcal{A}}}_{11} \wedge \overline{\overline{\mathcal{A}}}_{12} \wedge \ldots \rightarrow \overline{\overline{\mathcal{A}}}_1 . \\ \bigwedge_{xy}, \ldots \overline{\overline{\mathcal{A}}}_{21} \wedge \overline{\overline{\mathcal{A}}}_{22} \wedge \ldots \rightarrow \overline{\overline{\mathcal{A}}}_2 . \end{array} \tag{10.34}$$

La demostración clásica de $\mathcal{E}$, a partir de (10.33), se transforma en una demostración efectiva de $+\mathcal{E}$ a partir de (10.34), cuando se efectúa la aplicación de toda fórmula $\mathcal{A}$ sobre su correspondiente $+\mathcal{A}$. Puesto que (10.33) y, por consiguiente, (10.34) tienen valor efectivo, también lo tendrá $+\mathcal{E}$.

En particular, tenemos de nuevo *que la aplicación de la Lógica clásica de cuantores sobre un cálculo arbitrario no conduce a contradicción.*

11. Totalidad e indecisión

Para poder extender los resultados del epígrafe 7, relativos a la lógica de juntores, a la lógica de cuantores, estudiaremos a continuación cómo se pueden caracterizar las implicaciones de la lógica de cuantores «válidas generales» y hasta qué punto coinciden la clase de las implicaciones deducibles en el cálculo de cuantores con estas implicaciones válidas generales.

Al respecto elegiremos para el cálculo clásico de cuantores una formulación que procede de GENTZEN, 1934. Tomaremos los axiomas G 1–G 4 del epígrafe 7, teniendo en cuenta que las fórmulas que en ellos intervienen pueden estar ahora compuestas también con auxilio de cuantores. En analogía con G 3, para los cuantores se necesita

G 5:
$$A \prec B(y) \vee C \Longrightarrow A \prec \bigwedge_x B(x) \vee C$$
$$A \wedge B(y) \prec C \Longrightarrow A \wedge \bigvee_x B(x) \prec C$$

[x libre respecto de y en $B(x)$ e y no libre en la conclusión]. En tanto que las implicaciones fundamentales G 1 para $\wedge$ y $\vee$ dan inmediatamente las implicaciones $A \wedge B \prec B$, $A \prec A \vee B$, etc., en el caso de los cuantores, de lo dado hasta ahora, todavía no pueden obtenerse las implicaciones

$$\bigwedge_x A(x) \prec A(y)$$
$$A(y) \prec \bigvee_x A(x).$$

Por este motivo deben tomarse dos reglas fundamentales más.

G 6:
$$A \wedge \bigwedge_x B(x) \wedge B(y) \prec C \Longrightarrow A \wedge \bigwedge_x B(x) \prec C$$
$$A \prec \bigvee_x B(x) \vee B(y) \vee C \Longrightarrow A \prec \bigvee_x B(x) \vee C$$

[x libre respecto a y en $B(x)$].

Estas reglas G 6, al igual que las G 2–G 5, son *invertibles*. Las reglas fundamentales del cálculo de GENTZEN se deducen fácilmente a partir de la formulación del cálculo clásico de cuantores, dada en el epígrafe 10. Recíprocamente, por ejemplo,

$$\bigwedge_x A(x) \prec A(y)$$

se deduce inmediatamente de la implicación fundamental

$$\bigwedge_x A(x) \wedge A(y) \prec A(y),$$

teniendo en cuenta G 6.

En consecuencia, si al cálculo GENTZEN se le añade aún la transitividad de la implicación, entonces las implicaciones deducibles en él son las mismas que lo eran en el cálculo clásico de cuantores, estudiado anteriormente.

La equivalencia que acabamos de señalar es también válida si se toma el cálculo de GENTZEN sin la transitividad.

De nuevo obtendremos la admisibilidad de la transitividad para el cálculo GENTZEN, como resultado adjunto de la *consistencia* y *totalidad relativas*. Una implicación de la lógica de juntores se llama válida general, cuando en ninguna sustitución de las variables proposicionales por $\curlyvee$ o $\curlywedge$ se transforman el implicante en $\curlyvee$ y el implicado en $\curlywedge$. Para generalizar este concepto a las implicaciones de la lógica de cuantores, en primer lugar debe elegirse, para las variables objeto $x, y, \ldots$, una clase ω de *objetos* $\mathfrak{r}, \mathfrak{n}, \ldots$ Esta clase ω puede ser finita o infinita, por ejemplo, puede ser la clase de los *números cardinales* 1, 2, 3, ... Junto a las variables proposicionales consideraremos las fórmulas primitivas $a(x)$, $a(x, y)$, ... En el caso de una fórmula de una sola variable $a(x)$, para cada objeto $\mathfrak{r}$ la fórmula $a(\mathfrak{r})$ debe ser reemplazada por $\curlyvee$ o $\curlywedge$. Expresado en términos matemáticos quiere decirse que se elige una *función lógica* ψ, es decir, una función que tiene como argumento los objetos y como valores $\curlyvee$, $\curlywedge$. Por consiguiente, se «*liga*» el símbolo a de $a(x)$ con una función lógica ψ, y se hace corresponder a $a(\mathfrak{r})$ como «*valor*» de dicha función $\curlyvee$ ó $\curlywedge$, según que sea $\psi \,\iota\, \mathfrak{r} = \curlyvee$ o $\psi \,\iota\, \mathfrak{r} = \curlywedge$. La expresión $\psi \,\iota\, \mathfrak{r}$ representa el valor de la función ψ en el punto $\mathfrak{r}$ (véase epígrafe 13). Correspondientemente se procede con las fórmulas de varias variables.

Por ejemplo, para una fórmula primitiva de dos variables $a(x, y)$ se liga el símbolo a con una función lógica bidimensional ψ, y se hace corresponder a $a(\mathfrak{r}, \mathfrak{n})$ el valor $\curlywedge$ o $\curlyvee$, según que sea $\psi\,\iota\,\mathfrak{r}, \mathfrak{n} = \curlyvee$, o bien $\psi\,\iota\,\mathfrak{r}, \mathfrak{n} = \curlywedge$. Una clase de objetos ω, juntamente con funciones lógicas sobre ω, adscritas al símbolo de una fórmula A, se denomina una *interpretación* de A sobre ω.

Nos queda aún por definir cuál de los valores $\curlyvee$ o $\curlywedge$ se debe hacer corresponder a una fórmula compuesta A, respecto a una interpretación. De la fórmula A supondremos que no contiene variables objeto libres. Si la fórmula A está compuesta, mediante la lógica de juntores, de las A_1 y A_2, entonces el valor correspondiente a A depende de los correspondientes a A_1 y A_2 y esta dependencia viene dada por las tablas de veracidad estudiadas al tratar de la lógica de juntores. A una fórmula A de la forma $\bigwedge_x B(x)$ le haremos corresponder $\curlyvee$ cuando para todo objeto $\mathfrak{r}$ a la fórmula $B(\mathfrak{r})$ le corresponda el valor $\curlyvee$—de lo contrario, a A le haremos corresponder el valor $\curlywedge$—. A una fórmula A de la forma $\bigvee_x B(x)$ le haremos corresponder $\curlyvee$ cuando, por lo menos para un objeto $\mathfrak{r}$, a $B(\mathfrak{r})$ le corresponde el valor $\curlyvee$—en los demás casos a A le corresponderá el valor $\curlywedge$—.

Una interpretación de A, que haga corresponder a A el valor $\curlyvee$, se denomina un *modelo* de A.

Una fórmula sin variables objeto libres se dice *válida general* respecto a una clase de objetos ω, cuando en cada interpretación sobre ω le corresponde el valor $\curlyvee$. Una fórmula con variables objeto libres se denomina *válida general respecto* ω, cuando en cualquier sustitución de las variables objeto libres por constantes de ω la fórmula obtenida es válida general respecto a ω.

Finalmente, se dice que una fórmula es *válida general* cuando lo es con respecto a toda clase no vacía de objetos. Una implicación $A \prec B$ es *válida general* cuando la subjunción $A \rightarrow B$ es válida general.

Está claro que sólo en el caso de clases finitas de objetos pueden realizarse efectivamente todas las interpretaciones de una fórmula. En este caso, las funciones lógicas se representan explícitamente mediante tablas de valores. Por el contrario, en el caso de clases de objetos infinitas, la validez general de una fórmula en la lógica de cuantores no puede decidirse ya por cálculo de valores. Por ejemplo, para determinar la validez general de

$$\bigwedge_x A(x) \vee \bigvee_x \neg A(x) \tag{11.1}$$

se debería saber si (tomando, por ejemplo, los números cardinales como objeto) para una función lógica ψ de los números cardinales se verifica siempre «para todo $\mathfrak{r}$: $\psi\,\iota\,\mathfrak{r}=\curlyvee$» o «para al menos un $\mathfrak{r}$: $\psi\,\iota\,\mathfrak{r}=\curlywedge$». Esta proposición sólo puede justificarse razonando del siguiente modo: si no se verifica para todo $\mathfrak{r}$, $\psi\,\iota\,\mathfrak{r}=\curlyvee$, entonces vale $\psi\,\iota\,\mathfrak{r}\neq\curlyvee$ por lo menos para un $\mathfrak{r}$; por tanto, $\psi\,\iota\,\mathfrak{r}=\curlywedge$. Es evidente la primera parte de esta conclusión, pero no como aplicación de la implicación lógica

$$\neg \wedge_x A(x) \prec \vee_x \neg A(x), \tag{11.2}$$

que es equivalente con (11.1)—y cuya «validez», por tanto, está en debate—.

En consecuencia, la cuestión de si determinadas implicaciones deducibles en el cálculo de cuantores son válidas generales sólo puede tratarse utilizando las conclusiones de la lógica clásica de cuantores. Ahora bien, utilizando dichas conclusiones se obtiene trivialmente la *consistencia relativa* del cálculo clásico de cuantores, es decir, *toda implicación deducible en el cálculo clásico de cuantores es válida general.*

Por el contrario, no resulta en modo alguno trivial la *totalidad* del cálculo clásico de cuantores respecto a la clase de las implicaciones válidas generales. Esta totalidad fue descubierta por Gödel en 1930; nuestra demostración seguirá la de Schütte, 1955.

Tenemos que demostrar para el cálculo Gentzen G 1–G 6 que en él toda implicación válida general es deducible. Para ello intentaremos obtener una visión general de todas las deducciones.

Según la regla G 2, una implicación $A \prec B$ puede representarse en la forma

$$A_1 \wedge \ldots \wedge A_m \prec B_1 \vee \ldots \vee B_n \tag{11.3}$$

donde las A_μ no son conjunciones y las B_ν no son adjunciones. Las A_μ se denominan *términos predecesores* y las B_ν *posteriores* de la implicación. No nos ocuparemos del orden de sucesión y la asociación de estos términos.

Si todos los términos de (11.3) son fórmulas primitivas, la implicación se dice *primitiva.* Una implicación primitiva no puede ser nunca conclusión de una de las reglas G 3–G 6. Por el contrario, una implicación no primitiva, es una implicación fundamental G 1 o la conclusión de una de las reglas G 3–G 6.

Una implicación que no sea fundamental ni conclusión de una de las reglas G 3–G 5, tiene la forma

$$A \wedge \bigwedge_{x_1} A_1(x_1) \wedge \bigwedge_{x_2} A_2(x_2) \wedge \ldots$$
$$< \bigvee_{y_1} B_1(y_1) \vee \bigvee_{y_2} B_2(y_2) \vee \ldots \vee B, \qquad (11.4)$$

donde A o B representan una conjunción o una adjunción de fórmulas primitivas. Las implicaciones de esta forma se denominan *críticas.* Una implicación crítica sólo puede surgir como conclusión de la regla G 6.

Basándonos en la discusión de las posibilidades de deducción, construiremos para cada implicación dada J un *árbol genealógico,* en el que aparecerá J como la implicación superior, por debajo de ella escribiremos, según G 3–G 6, las premisas de J (que pueden ser dos, una o ninguna), debajo de éstas las premisas de las primeras premisas, y así sucesivamente.

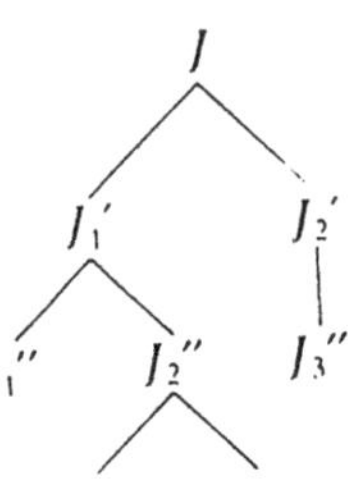

Una implicación que aparezca en un árbol genealógico carece de premisas únicamente si es implicación fundamental o es una implicación primitiva. Las «*líneas genealógicas*», que partiendo de J se dirigen siempre hacia abajo y conducen, a lo sumo, a una premisa (por ejemplo, de J a J_1', después a J_2'', ...) terminan forzosamente cuando alcanzan una de tales implicaciones *inferiores.*

Ahora está claro que una implicación deducible debe poseer un árbol genealógico tal, que la totalidad de sus líneas genealógicas terminen en implicaciones fundamentales y, por tanto, todas las implicaciones inferiores del árbol deben ser de esta clase. Este teorema admite recíproco: *si una implicación tiene un árbol genealógico cuya totalidad de líneas genealógicas terminan en implicaciones fundamentales, entonces dicha implicación es deducible.* Para demostrar el teorema recíproco basta tener en cuenta que (según KÖNIG, 1936) un árbol genealógico cuya totalidad de líneas genealógicas sean finitas, en su totalidad es finito, es decir, sólo contiene un número finito de implicaciones. En efecto, si el árbol genealógico de J es infinito, forzosamente existirán un número infinito de líneas genealógicas. En consecuencia, al menos por una de las premisas de J, digamos J', deberán pasar también infinitas líneas genealógicas. Análogamente, por lo menos por una de las premisas de J', digamos J'', deberán pasar infinitas líneas genealógicas, y así sucesivamente. Las implicaciones J, J', J'', ... forman una línea genealógica infinita.

Volvamos ahora a nuestro objeto: demostrar la deducibilidad de las implicaciones válidas generales. Como se ve fácilmente, todo árbol genealógico de una implicación válida general contiene otras implicaciones válidas generales. Esta es la gran ventaja, ya citada, del cálculo GENTZEN, que sus reglas conclusivas son invertibles. Como consecuencia de ello, una implicación primitiva que aparezca en el árbol genealógico de una implicación válida general debe ser una implicación fundamental. Por tanto, nos falta demostrar *que toda implicación válida general posee un árbol genealógico sin líneas genealógicas infinitas.*

Con este fin, elegiremos para toda implicación un árbol genealógico *especial,* y mostraremos que estos árboles genealógicos especiales no poseen líneas genealógicas infinitas si la implicación es válida general, es decir, que una implicación no es válida general cuando uno de sus árboles genealógicos especiales tiene una línea genealógica infinita.

Para la construcción de un árbol genealógico especial de una implicación J prefijamos que para implicaciones no críticas utilizaremos siempre las premisas según G 3–G 5 (arbitrariamente elegidas). Para una implicación crítica $J^{(n)}$ prefijamos la forma (11.4), en la que se deben colocar para cada miembro $\bigwedge_x A(x)$ o $\bigvee_y B(y)$, según G 6, una tras otra todas las premisas con $\bigwedge_x A(x) \wedge A(z)$ o bien $\bigvee_y B(y) \vee B(z)$, en donde deben tomarse para z todas las variables libres que aparecen en la línea genealógica que va desde J hasta $J^{(n)}$, incluyendo a ambas. Si en esta línea genealógica no aparece ninguna variable libre se elige una variable cualquiera.

Sea ahora J una implicación con un árbol genealógico especial, que tiene una línea genealógica L infinita. Tomaremos como objetos las variables libres que aparecen en L (deben existir, puesto que forzosamente aparecen implicaciones críticas—en caso contrario L sería finita—). Para la clase constituida por estos objetos definiremos para cada fórmula primitiva $a(z_1, \ldots, z_n)$ que aparezca en J, una función lógica φ, que pondremos en correspondencia con el símbolo a. Si la fórmula primitiva $a(z_1, \ldots, z_n)$ aparece en L como término predecesor, entonces será

$$\varphi \, \mathrm{\imath} \, z_1, \ldots, z_n = \curlyvee ;$$

por el contrario, si aparece en L como posterior, será

$$\varphi \, \mathrm{\imath} \, z_1, \ldots, z_n = \curlywedge .$$

Si $a(z_1, \ldots, z_n)$ no aparece en L, ni como predecesor ni como posterior, entonces puede elegirse arbitrariamente

$$\varphi \, \mathrm{\imath} \, z_1, \ldots, z_n .$$

De este modo queda definida la función φ, pues ninguna fórmula primitiva puede aparecer al mismo tiempo como término predecesor y posterior: Una fórmula primitiva que aparece como término de una implicación, aparece como término en todas las premisas; pero L, por ser línea infinita, no puede contener ninguna implicación fundamental. En la correspondencia funcional definida, afirmamos ahora que, a los términos predecesores en L le corresponde el valor $\curlyvee$ y que a los términos posteriores en L les corresponde el valor $\curlywedge$. La propiedad anterior es consecuencia de la definición, en lo que respecta a las fórmulas primitivas. Para demostrar la proposición para todas las fórmulas (por *inducción formal)* basta suponer, para toda fórmula compuesta, que la hipótesis se verifica para cada una de sus partes, y a partir de este supuesto demostrar que se verifica para la fórmula compuesta. Si una fórmula compuesta A aparece como término predecesor, caben las siguientes posibilidades:

Respecto a G 3: A tiene la forma $B \vee C$. En la línea genealógica L aparece también una implicación con B o C como término predecesor. Supongamos que sea B el que aparece; entonces A tiene el valor $\curlyvee$ cuando B vale $\curlyvee$.

Respecto a G 4: A tiene la forma $\overline{B}$. Entonces B es término posterior y A tiene el valor $\curlyvee$ cuando B tiene el $\curlywedge$.

Respecto a G 5: A tiene la forma $\bigvee_x B(x)$. En la línea genealógica L aparece también una implicación con una fórmula $B(y)$ como término predecesor. A tiene el valor $\curlyvee$ cuando $B(y)$ tiene el valor $\curlyvee$.

Respecto a G 6: A tiene la forma $\wedge_x B(x)$. Por cada variable libre z que aparezca en L aparece también una implicación que tiene a $B(z)$ como término predecesor, pues por debajo de la aparición de z deben aparecer siempre implicaciones críticas con A como término predecesor. A tiene el valor $\curlyvee$ cuando todas estas $B(z)$ tienen el valor $\curlyvee$.

Lo correspondiente vale para las fórmulas que aparecen como términos posteriores. En consecuencia, se deduce que J no es válida general.

Diremos que una *fórmula* A es *deducible* en la lógica de cuantores cuando $\curlyvee \prec A$ es deducible. Tenemos así el *teorema de totalidad* de GÖDEL en la siguiente formulación:

Toda fórmula válida general en la lógica de cuantores es deducible en el cálculo (clásico) de cuantores.

Toda fórmula de lógica de cuantores que no sea deducible en el cálculo de cuantores es «no admisible», es decir, existe una interpretación que no es modelo.

Toda fórmula de lógica de cuantores consistente absoluta es «realizable», es decir, existe un modelo para las fórmulas A de la lógica de cuantores, tales que $A \prec \curlywedge$ no es deducible en el cálculo de cuantores.

La última formulación permite una importante generalización: *Toda clase consistente absoluta de fórmulas de la lógica de cuantores es realizable*, es decir, para toda clase de fórmulas $A_1, A_2, A_3, \ldots$, de la lógica de cuantores, para las que en el cálculo de cuantores ninguna de las implicaciones

$$A_1 \wedge A_2 \wedge \ldots \wedge A_n \prec \curlywedge$$

es deducible, existe un modelo común para todas las fórmulas A_1, $A_2, \ldots$

Demostraremos la siguiente propiedad—sólo aparentemente más general que la anterior—: para una sucesión de implicaciones no deducibles

$$\begin{gathered} A_1 \prec B_1, \qquad A_1 \wedge A_2 \prec B_1 \vee B_2, \\ A_1 \wedge A_2 \wedge A_3 \prec B_1 \vee B_2 \vee B_3, \ldots \end{gathered} \tag{11.5}$$

existe una interpretación que hace corresponder a todas las fórmulas A_1, A_2, ... el valor $\curlyvee$, y a todas las fórmulas B_1, B_2, ... el valor $\curlywedge$. Para ello, buscaremos en un árbol genealógico especial de $A_1 \prec B_1$ una línea genealógica—por ejemplo, hasta $A_1^{(l_1)} \prec B_1^{(l_1)}$—tal que todas las implicaciones

$$A_1^{(l)} \wedge A_2 \wedge \ldots \wedge A_n \prec B_1^{(l)} \vee B_2 \vee \ldots \vee B_n \qquad (l \leqslant l_1)$$

sean no deducibles. En cada ramificación del árbol genealógico se cumple esta condición siempre, por lo menos para una de las premisas, pues de lo contrario, a partir de un determinado n, todas las implicaciones de (11.5) serían deducibles. Elegiremos l_1 suficientemente grande para que la línea genealógica contenga por lo menos una implicación crítica con todas sus premisas, formadas según G 6. Si la línea genealógica no llega a ninguna implicación crítica, sino a una primitiva, entonces hacemos que termine en ella la línea genealógica.

De nuevo se repite el procedimiento, ahora partiendo de

$$A_1^{(l_1)} \wedge A_2 \prec B_1^{(l_1)} \vee B_2$$

en lugar de $A_1 \prec B_1$. La nueva línea genealógica conduce a $A_2^{(l_2)} \prec B_2^{(l)_2}$. Entonces repetiremos el procedimiento partiendo de

$$A_2^{(l_2)} \wedge A_3 \prec B_2^{(l_2)} \vee B_3,$$

y así sucesivamente. La sucesión obtenida por este procedimiento —que recuerda el método diagonal de CAUCHY—está formada por líneas genealógicas (finitas) y da finalmente la interpretación deseada, del mismo modo que una línea genealógica infinita de una implicación da una refutación de esta implicación.

Una consecuencia inmediata de esta generalización del teorema de GÖDEL, es notable por poderse formular con independencia de la calculización como «*teorema de finitud*»:

Si cualquier número finito de fórmulas de una determinada clase son realizables en común, entonces la totalidad de fórmulas de la clase son realizables en común.

Este teorema de finitud es uno de los medios esenciales que han permitido utilizar la lógica moderna en la Matemática axiomática, a través de la «*Metamatemática del Algebra*», fundada por TARSKI (1948) y ROBINSON (1951). No se conoce ninguna demostración del teorema de finitud que sea independiente del teorema de totalidad.

En oposición a lo que sucedía en la lógica de juntores, los árboles genealógicos no dan ninguna decisión sobre la deducibilidad en la lógica de cuantores, ya que no es posible decidir si todas las líneas genealógicas tienen fin. *El hecho de que no exista ningún procedimiento de decisión en el cálculo de cuantores,* es el contenido del *teorema de indecisión,* de CHURCH (1936).

Sólo puede darse un procedimiento de decisión sobre la deducibilidad de las fórmulas en la lógica de cuantores, si nos limitamos a estudiar clases especiales de fórmulas (véase ACKERMANN, 1955). Aquí trataremos solamente el caso más sencillo de la lógica clásica de cuantores, aquél en que las fórmulas están compuestas exclusivamente de fórmulas primitivas con una variable. Sea A una de tales fórmulas; se verifica que A es válida general si lo es para todas las clases de objetos que tengan, a lo sumo, 2^n objetos (siendo n el número de fórmulas primitivas que aparecen en A). Para demostrar esta afirmación, sea A no admisible para una clase arbitraria de objetos. Sean $\varphi_1, \ldots, \varphi_n$ las funciones lógicas adscritas a los símbolos $a_1, \ldots, a_n$ para la no admisión. Cada objeto $\mathfrak{r}$ engendra un sistema n-múltiple de valores $\varphi_1 \imath \mathfrak{r}, \varphi_2 \imath \mathfrak{r}, \ldots, \varphi_n \imath \mathfrak{r}$. Puesto que, a lo sumo, existen 2^n de estos sistemas, podemos elegir para cada sistema un objeto $\mathfrak{r}$ que sea su generador. De este modo habremos elegido, a lo sumo, 2^n objetos. Si limitamos los argumentos de las funciones lógicas $\varphi_1, \ldots, \varphi_n$, a los objetos elegidos, tendremos una interpretación de A sobre una clase de objetos finita. En esta interpretación también le corresponderá a A el valor $\curlywedge$. Para toda fórmula compuesta exclusivamente con $a_1, \ldots, a_n$ no varía el valor correspondiente a A, como puede demostrarse por inducción formal. La anterior proposición para fórmulas primitivas es trivial, y si es cierta para $B(x)$, por ejemplo, se deduce inmediatamente que también lo es para $\bigwedge_x B(x)$ y $\bigvee_x B(x)$.

Para una clase de objetos finita, el problema de la validez general se reduce evidentemente sobre el correspondiente de decisión en la lógica clásica de juntores.

Basta considerar fórmulas primitivas con dos variables para que falle el citado procedimiento de decisión. El teorema de indecisión de CHURCH puede formularse del siguiente modo:

La clase de fórmulas de la lógica de cuantores, no deducibles en el cálculo de cuantores (clásico o efectivo) es no numerable.

Puesto que está demostrada la existencia de cálculos no decidibles, la demostración del teorema de CHURCH la obtendremos cuando «*axiomaticemos*» un cálculo K no decidible. Es decir, estableceremos fórmulas de la lógica de cuantores, tales que al reemplazar sus fórmulas primitivas por fórmulas de la teoría de K, por ejemplo,

$$\vdash_K x, \qquad xy = z$$

(x, y, ... son variables que representan las figuras de K) se transforman en proposiciones válidas sobre K. Una conjunción C de tales fórmulas, con una adscripción de los símbolos de las fórmulas primitivas existentes, mediante «*conceptos*» de la teoría de K, se denomina *sistema de axiomas consistente* de la teoría de K. Si, además, elegimos C de modo que para toda figura deducible $\mathfrak{r}$, la fórmula de la lógica de cuantores $A_\mathfrak{r}$, que en la adscripción relativa a C se transforma en $\vdash_K \mathfrak{r}$ está implicada lógicamente por C, entonces se dice que C es un sistema de axiomas *adecuado* (más exactamente: adecuado respecto a la deducibilidad) de la teoría de K. Si justificamos la existencia de un sistema de axiomas adecuado C de la teoría de K, habremos demostrado que $\mathfrak{r}$ es exactamente deducible en K cuando $C \prec A_\mathfrak{r}$ sea una implicación lógica efectiva (para la lógica clásica, véase KLEENE, 1952, epígrafe 79, teorema 51). En estas condiciones, si el cálculo de cuantores fuera decidible, también sería decidible la deducibilidad de las implicaciones $C \prec A_\mathfrak{r}$ y al propio tiempo el problema de la deducibilidad de $\mathfrak{r}$ en K, es decir, K sería decidible.

Por consiguiente, la demostración del teorema de CHURCH para la lógica efectiva, exige exclusivamente una adecuada axiomatización de la teoría de un cálculo no decidible.

Como fórmulas primitivas elegiremos $\vdash (x)$ (deducibilidad) y $x = y$ (igualdad); además utilizaremos como concepto fundamental en la teoría de K, el de *encadenamiento*, es decir, la función que hace corresponder a dos figuras $\mathfrak{r}$ y $\mathfrak{n}$, tomadas como argumentos, la figura $\mathfrak{r}\mathfrak{n}$ como valor de la función. En el sistema de axiomas representaremos estas funciones por el término $(\mathfrak{r}\mathfrak{n})$. Las figuras atómicas de K, $\mathfrak{u}_1$, $\mathfrak{u}_2$, ..., las representaremos en el sistema de axiomas por términos constantes, en correspondencia biunívoca con ellas, u_1, u_2, ... De *igualdad, términos* y *funciones* hablaremos sistemáticamente en el capítulo 6; pero para simplificar la axiomatización haremos ya uso de ellas. Para cada cálculo K estableceremos los siguientes axiomas:

$$\text{I.}\quad \left.\begin{array}{l} x=x \\ x=z \wedge y=z \longrightarrow x=y \\ x_1=x_2 \wedge y_1=y_2 \longrightarrow (x_1y_1)=(x_2y_2) \\ x=y \wedge \vdash(x) \longrightarrow \vdash(y) \end{array}\right\}$$

$$\text{II.}\quad [x(yz)]=[(xy)z].$$

Si el cálculo K tiene las reglas

$$\begin{array}{l} \mathcal{A}_{11}, \mathcal{A}_{12}, \ldots \longrightarrow \mathcal{A}_1 \\ \mathcal{A}_{21}, \mathcal{A}_{22}, \ldots \longrightarrow \mathcal{A}_2 \\ \vdots \end{array}$$

formaremos a partir de ellas el sistema de axiomas

$$\text{III.}\quad \left.\begin{array}{l} \vdash(\underline{\mathcal{A}_{11}}) \wedge \vdash(\underline{\mathcal{A}_{12}}) \wedge \ldots \longrightarrow \vdash(\underline{\mathcal{A}_1}) \\ \vdash(\underline{\mathcal{A}_{21}}) \wedge \vdash(\underline{\mathcal{A}_{22}}) \wedge \ldots \longrightarrow \vdash(\underline{\mathcal{A}_2}) \\ \vdots \end{array}\right\}$$

donde para cada fórmula $\mathcal{A}$ de la teoría de K se ha introducido un término correspondiente $\underline{\mathcal{A}}$, definido del siguiente modo:

(1) Para las figuras atómicas u_j, $\underline{\mathrm{u}_j}$ es el símbolo correspondiente u_j.

(2) Para las variables de figuras x, $\underline{x}$ es una variable, que en el sistema de axiomas hace el papel de variable objeto.

(3) Para una fórmula compuesta por encadenamiento $\mathcal{A}\mathcal{B}$, $\underline{\mathcal{A}\mathcal{B}}$ es el término $(\underline{\mathcal{A}}\underline{\mathcal{B}})$.

En lo que respecta a (3) es indiferente el orden de composición de una figura $\mathcal{A}\mathcal{B}\mathcal{C}$. Para el término que da lugar se verifica, en virtud de II:

$$[(\underline{\mathcal{A}}\underline{\mathcal{B}})\underline{\mathcal{C}}]=[\underline{\mathcal{A}}(\underline{\mathcal{B}}\underline{\mathcal{C}})],$$

y por I, en toda fórmula son reemplazables los términos iguales.

Evidentemente, el sistema de axiomas C_0 que se obtiene de la conjunción de I–III es adecuado (respecto la deducibilidad). En efecto, una deducción de $\mathfrak{r}$ en el cálculo da inmediatamente una deducción de $C_0 < \vdash (\mathfrak{r})$. Por la utilización de los términos u_1, u_2, ... y (xy), C_0 ciertamente no es un sistema de axiomas que se formule con los medios de la lógica de cuantores. No obstante, en el capítulo 6 veremos que la utilización de términos puede reemplazarse por la de tales medios. Cuando subsanemos este pequeño defecto, tendremos la demostración del teorema de CHURCH para la lógica efectiva de cuantores.

El sistema de axiomas C_0 da, al propio tiempo, un ejemplo de un *sistema no total absoluto,* es decir, de un sistema para el que sólo existen fórmulas A compuestas de los símbolos procedentes de C_0, de modo que ni A ni $\overline{A}$ es implicada en lógica de cuantores por C_0. Para todo sistema de axiomas C la clase de fórmulas A, para las que $C < \overline{A}$ es deducible en la lógica de cuantores, es numerable. En caso de ser C total absoluto, también sería numerable la clase de fórmulas A, para las que $C < A$ no es deducible. Si es $A_{\mathfrak{r}}$ la fórmula que en la interpretación se transforma en $\vdash_K \mathfrak{r}$, entonces también sería numerable la clase de fórmulas $A_{\mathfrak{r}}$, para las que $C < A_{\mathfrak{r}}$ no es deducible, es decir, por la adecuacidad de C sería numerable la clase de figuras $\mathfrak{r}$, para las que no vale $\vdash_K \mathfrak{r}$: K sería decidible.

Como resultado tenemos el *teorema general* de GÖDEL sobre la *no totalidad:*

Ningún sistema de axiomas adecuado de la teoría de un cálculo no decidible es total absoluto.

Para la axiomatización de la *Aritmética* y la *Teoría de conjuntos (lógica de predicados superiores),* que comprende la teoría de todos los cálculos, existen también *teoremas de no totalidad* (GÖDEL, 1931).

Por consiguiente, los objetos de estas teorías, los números y los conjuntos, no pueden caracterizarse de modo axiomático. Se verifica:

Todo sistema de axiomas C, no total absoluto, de una teoría T, tiene modelos patológicos, es decir, existen modelos en los que valen las fórmulas no válidas en T (SKOLEM, 1933). En efecto, si ni A ni $\overline{A}$ son implicadas por C, entonces $C \wedge A$ y $C \wedge \overline{A}$, son consistentes absolutas, es decir, existe un modelo de C para el que vale A y otro modelo de C para el que vale $\overline{A}$. Por lo menos uno de estos modelos es patológico. Naturalmente, el recíproco también es cierto; un sistema de axiomas total-absoluto y consistente no tiene modelos patológicos.

6
lógica de la igualdad

12. Generalidades

Si se define para los nombres propios $\mathfrak{s}$, $\mathfrak{t}$, ... una relación de igualdad, $=$, y se pone $\mathfrak{s}=\mathfrak{t}$, cuando $\mathfrak{s}$ y $\mathfrak{t}$ designan el mismo objeto, en estas condiciones para todo nombre propio se verifica

$$\mathfrak{s}=\mathfrak{s} \quad \textit{(reflexividad total).} \tag{12.1}$$

Para toda forma proposicional $\mathcal{A}(s)$, que al reemplazar la variable s por el nombre propio $\mathfrak{s}$ expresa algo sobre el objeto designado por «$\mathfrak{s}$» (no sólo sobre el nombre $\mathfrak{s}$), se verifica, además,

$$\text{si} \quad \mathfrak{s}=\mathfrak{t} \quad \text{y} \quad \mathcal{A}(\mathfrak{s}), \quad \text{entonces} \quad \mathcal{A}(\mathfrak{t}). \tag{12.2}$$

En particular cumple esta condición la fórmula $s=\mathfrak{u}$, para todo nombre propio $\mathfrak{u}$. La fórmula $\mathfrak{s}=\mathfrak{u}$ expresa que el objeto designado por «$\mathfrak{s}$» es *idéntico* al designado por «$\mathfrak{u}$». En consecuencia, de (12.2) resulta

$$\text{si} \quad \mathfrak{s}=\mathfrak{t} \quad \text{y} \quad \mathfrak{s}=\mathfrak{u}, \quad \text{entonces} \quad \mathfrak{t}=\mathfrak{u}. \tag{12.3}$$

Esta es la conocida regla: *Si dos magnitudes* ($\mathfrak{t}$ *y* $\mathfrak{u}$) *son iguales a una tercera* ($\mathfrak{s}$), *son iguales entre sí.* Esta regla se denomina *regla de comparación* (véase *tertium comparationis).*

Es comprensible que una *igualdad* $=$, para la que se verifiquen

$$x=x \tag{12.4}$$

$$x=y \wedge \mathcal{A}(x) \longrightarrow \mathcal{A}(y) \tag{12.5}$$

[x libre respecto de y en $\mathcal{A}(x)$],

debe tener aplicación en toda teoría matemática. En ella $\mathcal{A}(x)$ representa una fórmula arbitraria perteneciente a la teoría. En lugar de $\overline{x=y}$ escribiremos $x \neq y$. La igualdad queda unívocamente determinada por (12.4) y (12.5): si dos relaciones $=_1$ e $=_2$ cumplen estas condiciones se deduce inmediatamente

$$x =_1 y \longleftrightarrow x =_2 y.$$

El objeto de la «*lógica de la igualdad*» es estudiar el resultado de la aplicación de esta igualdad—independientemente del contenido de la teoría.

Para ello no es necesario discutir el problema de qué condiciones estrictas se requieren para merecer el nombre de «*teoría matemática*». Basta formular, siguiendo a TARSKI, 1930, algunas de las condiciones mínimas que deben darse en tales teorías.

(1) Los objetos de la *teoría* serán aquellos para cuya designación la teoría disponga de una clase de *constantes* $\mathfrak{u}, \mathfrak{v}, \ldots$ Pero no es necesario que para cada objeto exista por lo menos una constante, ni a lo sumo una.

(2) La teoría debe dar ciertas *fórmulas primitivas:*

(2.1) *Proposiciones primitivas* sin variables libres: $\mathfrak{a}, \mathfrak{b}, \ldots$

(2.2) *Formas proposicionales primitivas* con variables libres $x, y, \ldots$, para objetos:

$$\mathfrak{a}(x), \mathfrak{b}(x), \ldots \quad \mathfrak{a}(x, y), \mathfrak{b}(x, y), \ldots$$

(2.3) $x = y$.

En estas condiciones, se llaman *fórmulas* todas las figuras compuestas de fórmulas primitivas con ayuda de partículas lógicas, incluyendo las obtenidas al sustituir las variables libres por constantes.

(3) Por último, la teoría debe dar una clase de *teoremas*. Todo teorema es una fórmula. La clase de teoremas contiene:

(3.1) $x = x$

$x = y \wedge \mathcal{A}(x) \longrightarrow \mathcal{A}(y)$ para toda fórmula $\mathcal{A}(x)$ en la que x sea libre respecto de y.

(3.2) Para todo número finito de teoremas $\mathcal{A}_1, \mathcal{A}_2, \ldots$, contiene también toda fórmula implicada por ellos en la lógica de cuantores.

(3.3) Con un teorema $\mathcal{A}(x)$ contiene también $\mathcal{A}(\mathrm{u})$ para toda constante u.

Una terna T, que conste de una clase de constantes, una clase de fórmulas y una clase de teoremas, que satisfagan las condiciones anteriormente dadas, puede denominarse una «*teoría formal*». Dicha teoría puede estar basada tanto en la teoría de cuantores clásica como en la efectiva.

Si una fórmula $\mathcal{A}$ es un teorema de T diremos, abreviadamente: «$\mathcal{A}$ *vale* (en T)».

Por la inclusión de la igualdad existe la posibilidad de expresar *cuantificaciones numéricas* como «para lo menos dos objetos x» o bien «para exactamente tres objetos x». Pondremos:

$$\overset{2}{\bigvee}_x \mathcal{E}(x) \rightleftharpoons \bigvee_{\substack{x_1, x_2 \\ x_1 \neq x_2}} . \mathcal{E}(x_1) \wedge \mathcal{E}(x_2).$$

$$\overset{3}{\bigvee}_x \mathcal{E}(x) \rightleftharpoons \bigvee_{\substack{x_1, x_2, x_3 \\ x_1 \neq x_2, x_1 \neq x_3, x_2 \neq x_3}} . \mathcal{E}(x_1) \wedge \mathcal{E}(x_2) \wedge \mathcal{E}(x_3).$$

Del mismo modo puede definirse $\overset{n}{\bigvee}_x$ (para por lo menos n objetos x) para todo número fundamental n. El dual de $\overset{n}{\bigvee}_x \mathcal{E}(x)$ lo representa- por $\overset{n}{\bigwedge}_x \mathcal{E}(x)$, por ejemplo,

$$\overset{2}{\bigwedge}_x \mathcal{E}(x) \rightleftharpoons \bigwedge_{\substack{x_1, x_2 \\ x_1 \neq x_2}} . \mathcal{E}(x_1) \vee \mathcal{E}(x_2).$$

El significado de $\overset{n}{\bigwedge}_x \mathcal{E}(x)$ puede darse por «para casi todos los n, x (es decir, no hay n excepciones): $\mathcal{E}(x)$». «Para exactamente n objetos x: $\mathcal{E}(x)$» se representa por

$$\overset{n}{\bigvee}_x \mathcal{E}(x) \wedge \overset{n+1}{\bigwedge}_x \overline{\mathcal{E}(x)},$$

por ejemplo, «para exactamente un objeto x: $\mathcal{E}(x)$» por

$$\bigvee_x \mathcal{E}(x) \wedge \overset{2}{\bigwedge}_x \overline{\mathcal{E}(x)},$$

lo cual es equivalente con

$$\bigvee_x \mathcal{E}(x) \qquad (12.6)$$

$$\bigwedge_{x,y} . \mathcal{E}(x) \wedge \mathcal{E}(y) \rightarrow x = y. \qquad (12.7)$$

y también con

$$\bigvee_x \bigwedge_y . \mathcal{E}(y) \longleftrightarrow y = x.$$

Para lo siguiente partiremos de una teoría formal arbitraria T y queremos mostrar la posibilidad de ampliar T de modo que se obtenga una teoría formal tal que, para una fórmula $\mathcal{E}(x)$ con (12.6)–(12.7), exista una constante u con

$$\mathcal{E}(\mathrm{u}). \tag{12.8}$$

Los *idiomas naturales* caracterizan esta propiedad mediante el artículo determinado: «la x, para la que vale $\mathcal{E}(x)$». La posibilidad de introducir características en las teorías formales fue descubierta por FREGE y desarrollada posteriormente en los *Principia Mathematica* y en HILBERT-BERNAYS (1934).

Si hubiese en la teoría T una constante u con (12.8), entonces para toda fórmula $\mathcal{A}(x)$ valdría

$$\mathcal{A}(\mathrm{u}) \longleftrightarrow \bigvee_{\substack{x \\ \mathcal{E}(x)}} \mathcal{A}(x). \tag{12.9}$$

Pues, por una parte, se verifica

$$\mathcal{A}(\mathrm{u}) \wedge \mathcal{E}(\mathrm{u}) \longrightarrow \bigvee_x . \mathcal{E}(x) \wedge \mathcal{A}(x).,$$

y por otra, vale

$$\mathcal{E}(x) \wedge \mathcal{E}(\mathrm{u}) \longrightarrow x = \mathrm{u}$$

por tanto,

$$\mathcal{A}(x) \wedge \mathcal{E}(x) \wedge \mathcal{E}(\mathrm{u}) \longrightarrow \mathcal{A}(\mathrm{u})$$

y

$$\mathcal{E}(\mathrm{u}) \wedge \bigvee_x . \mathcal{E}(x) \wedge \mathcal{A}(x). \longrightarrow \mathcal{A}(\mathrm{u}).$$

Si no hay ninguna constante u con $\mathcal{E}(\mathrm{u})$, la (12.9) incita a reemplazar por $\bigvee_{\substack{x \\ \mathcal{E}(x)}} \mathcal{A}(x)$, las proposiciones sobre aquellas x, para las que vale $\mathcal{E}(x)$. Por consiguiente, intentaremos (de acuerdo con el ι='ίσος de PEANO) introducir como constante una nueva figura—llamada un *ι-término*— de la forma $\iota_x \mathcal{E}(x)$.

De acuerdo con (12.9), para las fórmulas primitivas $\alpha(x)$ definiremos:

$$\alpha[\iota_x \mathcal{E}(x)] \rightleftharpoons \bigvee_{\substack{x \\ \mathcal{E}(x)}} \alpha(x). \quad (12.10)$$

Como puede verse fácilmente, teniendo en cuenta (12.6)–(12.7) se verifica

$$\bigvee_{\substack{x \\ \mathcal{E}(x)}} \mathcal{A}(x) \longleftrightarrow \bigwedge_{\substack{x \\ \mathcal{E}(x)}} \mathcal{A}(x),$$

de modo que también puede definirse $\alpha[\iota_x \mathcal{E}(x)]$ mediante $\bigwedge_{\substack{x \\ \mathcal{E}(x)}} \alpha(x)$—lo cual ocasionalmente puede resultar más cómodo—.

Por la (12.10) no se define el *significado* de $\iota_x \mathcal{E}(x)$—esto no puede hacerse—sino que únicamente se define, para toda fórmula primitiva en la que aparezca $\iota_x \mathcal{E}(x)$, para qué fórmulas de T debe valer esta nueva fórmula primitiva.

Como caso particular se obtiene

$$\iota_x \mathcal{E}(x) = y \longleftrightarrow \bigvee_{\substack{x \\ \mathcal{E}(x)}} x = y,$$

por tanto,

$$\iota_x \mathcal{E}(x) = y \longleftrightarrow \mathcal{E}(y). \quad (12.11)$$

Si $\iota_x \mathcal{E}(x)$ aparece en fórmulas compuestas de T, por ejemplo:

$$\alpha_1[\iota_x \mathcal{E}(x), y] \wedge \alpha_2[z, \iota_x \mathcal{E}(x)],$$

entonces se debe aplicar (12.10) a la totalidad de fórmulas primitivas que aparezcan. De esta definición se deduce que también para las fórmulas compuestas vale

$$\mathcal{A}[\iota_x \mathcal{E}(x)] \longleftrightarrow \bigvee_{\substack{x \\ \mathcal{E}(x)}} \mathcal{A}(x). \quad (12.12)$$

Para ello tenemos que demostrar que, por ejemplo, para la conjunción, si suponemos la (12.12) válida para las fórmulas $\mathcal{A}_1(x)$ y $\mathcal{A}_2(x)$, se verifica la equivalencia

$$\bigvee_{\substack{x \\ \mathcal{E}(x)}} \mathcal{A}_1(x) \wedge \bigvee_{\substack{x \\ \mathcal{E}(x)}} \mathcal{A}_2(x) \longleftrightarrow \bigvee_{\substack{x \\ \mathcal{E}(x)}} . \mathcal{A}_1(x) \wedge \mathcal{A}_2(x). \quad (12.13)$$

—y equivalencias correspondientes para las otras partículas—. Si tomamos como hipótesis la fórmula $\mathcal{E}(x)$, se deduce que los dos miembros de (12.13) son equivalentes a

$$\mathcal{A}_1(x) \wedge \mathcal{A}_2(x)$$

y, por tanto, la equivalencia de ambos miembros. En consecuencia, en virtud de (12.6), también vale (12.13) sin la hipótesis $\mathcal{E}(x)$.

De (12.12) se deduce que $\mathcal{A}[\iota_x \mathcal{E}(x)]$ es siempre válida cuando lo es $\mathcal{A}(x)$, con la variable libre x. Pues teniendo en cuenta (12.6), de $\bigwedge_x \mathcal{A}(x)$ se deduce inmediatamente

$$\bigvee_x . \mathcal{E}(x) \wedge \mathcal{A}(x).$$

Lo anterior muestra que realmente los ι-términos pueden utilizarse como nuevas constantes [véase (3.3) de la pág. 119].

Hasta ahora habíamos supuesto que la fórmula $\mathcal{E}(x)$ no contenía ninguna variable libre más que la x. Si prescindimos de esta hipótesis —sea, por ejemplo, $\mathcal{E}(x, y)$ una fórmula con dos variables libres, para la que se verifica

$$\bigvee_x \mathcal{E}(x, y) \wedge \overset{2}{\bigwedge_x} \overline{\mathcal{E}(x, y)}—,$$

por formación de $\iota_x \mathcal{E}(x, y)$ se obtiene un ι-término que contiene aún variables libres. Si en una fórmula $\mathcal{A}(x)$ se reemplaza, en primer lugar, x por $\iota_x \mathcal{E}(x, y)$, se obtiene una fórmula $\mathcal{A}[\iota_x \mathcal{E}(x, y)]$ en la que todavía se puede sustituir y por un ι-término, de modo que se obtenga un ι-término inmerso dentro de otro. Para las fórmulas primitivas con ι-términos inmersos uno dentro de otro, debe aplicarse la definición (12.10) de manera que en primer lugar se *eliminen* los ι-términos que estén *más en el interior* de la fórmula. Por ello, queda inalterada la validez de (12.12). Consideremos, por ejemplo, ya demostrada

$$\mathcal{A}[\iota_x \mathcal{E}_1(x, y)] \longleftrightarrow \bigvee_{\substack{x \\ \mathcal{E}_1(x,y)}} \mathcal{A}(x);$$

en estas condiciones, de

$$\mathcal{A}[\iota_x \mathcal{E}_1(x, \iota_y \mathcal{E}_2(y))] \longleftrightarrow \bigvee_{\substack{y \\ \mathcal{E}_2(y)}} \mathcal{A}[\iota_x \mathcal{E}_1(x, y)]$$

se deduce inmediatamente

$$\mathcal{A}[\iota_x \mathcal{E}_1(x, \iota_y \mathcal{E}_2(y))] \longleftrightarrow \bigvee_{\substack{y \\ \mathcal{E}_2(y)}} \bigvee_{\substack{x \\ \mathcal{E}_1(x,y)}} \mathcal{A}(x)$$

y el segundo miembro es equivalente a

$$\bigvee_{y} \underset{\mathcal{E}_2(y)}{} \bigvee_{x} . \, \mathcal{E}_1(x, y) \wedge \mathcal{A}(x).$$

y con ello—tras eventual cambio de nombre a las variables ligadas—equivalente también a

$$\bigvee_{x} . \bigvee_{\substack{y \\ \mathcal{E}_2(y)}} \mathcal{E}_1(x, y) \wedge \mathcal{A}(x).$$

por tanto, a

$$\bigvee_{x} . \, \mathcal{E}_1[x, \iota_y \, \mathcal{E}_2(y)] \wedge \mathcal{A}(x) . \quad \text{y} \quad \bigvee_{\substack{x \\ \mathcal{E}_1[x, \iota_y \mathcal{E}_2(y)]}} \mathcal{A}(x).$$

Si introducimos los ι-términos que no contienen variables libres como constantes, entonces los ι-términos son figuras con variables libres que cuando se reemplazan sus variables por constantes, se transforman en constantes. Tales figuras las denominaremos *términos*.

En la teoría de un cálculo, como el tratado en el epígrafe 11, aparecen como fórmulas primitivas, por ejemplo, las $xy = z$. Aquí xy es un término, y reemplazando x por la constante $\mathfrak{u}$ y la y por la constante $\mathfrak{v}$, se obtiene la constante $\mathfrak{u}\mathfrak{v}$.

Junto a las *teorías formales con constantes*, tal como han sido definidas hasta ahora, introduciremos también las *teorías formales con términos*, en las cuales pondremos, en lugar de la clase de constantes, una clase de *términos*. En primer lugar, deberán contener *términos primitivos*, es decir,

(1.1) Constantes primitivas $\mathfrak{u}$, $\mathfrak{v}$, ..., sin variables libres.

(1.2) Términos primitivos $\mathfrak{u}(x)$, $\mathfrak{v}(x)$, ..., $\mathfrak{u}_1(x, y)$, $\mathfrak{v}_2(x, y)$, ..., con inclusión de las variables x, y, ...,

y, además, con cada término, todas las figuras que se obtienen al sustituir las variables libres por términos.

A las clases de fórmulas o de teoremas hay que exigirles que para todo término $\mathfrak{U}$, si $\mathcal{A}(x)$ es una fórmula o un teorema, siempre ha de ser $\mathcal{A}(\mathfrak{U})$ una fórmula o bien un teorema, para los que x es libre.

Utilizaremos $\mathfrak{U}$, $\mathfrak{V}$, ..., como metavariables para los términos. Si eventualmente aparecen en un término variables objeto libres, los representaremos por $\mathfrak{U}(x)$, $\mathfrak{V}(x, y)$, ...

Al igual que en la teoría anterior, también en la teoría formal con términos se pueden introducir ι-términos. Puesto que para todo término $\mathfrak{U}$ la fórmula $x=\mathfrak{U}$ cumple las condiciones (12.6) y (12.7) (de $\mathfrak{U}=\mathfrak{U}$ se deduce $\bigvee_x x=\mathfrak{U}$), resulta así la siguiente representación de $\mathfrak{U}$ mediante un ι-término:

$$\mathfrak{U}=\iota_x . x=\mathfrak{U} ..$$

Por consiguiente, la *posibilidad de eliminar* ι-términos da el resultado general de que una teoría formal con términos puede reducirse siempre sobre una teoría formal con constantes. Con ello, la clase de constantes puede tomarse incluso como vacía, pues también para toda constante primitiva $\mathfrak{u}$ se verifica

$$\mathfrak{u}=\iota_x . x=\mathfrak{u} ..$$

13. Abstracción, relaciones y funciones

De los *axiomas de la igualdad:*

$$x=x$$

$$x=y \wedge \mathcal{A}(x) \longrightarrow \mathcal{A}(y)$$

se deduce, como vimos:

$$x=x \tag{13.1}$$

$$x=y \wedge x=z \longrightarrow y=z. \tag{13.2}$$

Una relación entre dos miembros para la que valgan (13.1) y (13.2), que la representaremos por $\sim$ en lugar de $=$, la denominaremos *igualdad total*; se trata de una igualdad «*abstracta*», frente a las igualdades «*concretas*» $=$, tratadas en el epígrafe 12. Si en lugar de la reflexividad total (13.1) se exige solamente la *reflexividad a la izquierda*

$$x \sim y \longrightarrow x \sim x \tag{13.3}$$

entonces se denomina $\sim$ una *igualdad parcial (abstracta)*. Se ve inmediatamente que los axiomas (13.2)-(13.3) son equivalentes con

$$x \sim y \longrightarrow y \sim x \qquad \textit{(simetría)} \tag{13.4}$$

$$x \sim y \wedge y \sim z \longrightarrow x \sim z \qquad \textit{(transitividad).} \tag{13.5}$$

Las igualdades abstractas son muy frecuentes en la Matemática; por ejemplo, toda aplicación φ da lugar a una igualdad abstracta, basta poner

$$x \sim y \rightleftharpoons \varphi \,\mathrm{l}\, x = \varphi \,\mathrm{l}\, y.$$

A cada igualdad parcial $\sim$ le corresponde su *clase de reflexividad*, es decir, la clase formada por todas las x tales que $x \sim x$. Siempre existe una igualdad total $\approx$, que coincide con la igualdad parcial $\sim$ para los objetos de la clase de reflexividad. En efecto, basta poner

$$x \approx y \rightleftharpoons x \sim y \vee x = y.$$

En consecuencia, nos limitaremos a considerar igualdades totales $\sim$. Se dice que una fórmula $\mathcal{A}(x)$ de una teoría formal T es *compatible* (respecto a x) con $\sim$, cuando se verifica

$$x \sim y \wedge \mathcal{A}(x) \longrightarrow \mathcal{A}(y) \tag{13.6}$$

[x libre respecto a y en $\mathcal{A}(x)$].

La clase de fórmulas compatibles con $\sim$ contiene—como la totalidad de clases de fórmulas de T—además de las fórmulas primitivas compatibles, todas las fórmulas compuestas a partir de ellas con ayuda de partículas lógicas, lo mismo que si contiene a $\mathcal{A}(z)$ también contiene a $\mathcal{A}(\mathrm{u})$ para toda constante u. Si nos limitamos a considerar las fórmulas compatibles con $\sim$, obtendremos a partir de la teoría formal T una nueva teoría $T_\sim$. En ella, en lugar de la igualdad $=$ de T, aparece la igualdad abstracta $\sim$. Además, en el caso de que se verifique $x \sim y \longleftrightarrow x = y$ (este caso no lo volveremos a considerar en lo sucesivo) también se diferencian T y $T_\sim$, pues, por ejemplo, las fórmulas primitivas $x = y$ son incompatibles con $\sim$ (respecto a x e y).

Si T es una teoría formal con términos, también la clase de términos (no constantes), debe reducirse a la clase de los términos compatibles con $\sim$. Diremos que $\mathfrak{U}(x)$ es compatible con $\sim$ cuando se verifique

$$x \sim y \longrightarrow \mathfrak{U}(x) \sim \mathfrak{U}(y). \tag{13.7}$$

La interpretación básica, dada en el epígrafe 12, en el sentido de que las constantes $\mathfrak{u}$, $\mathfrak{v}$, ..., de una teoría formal eran los nombres correspondientes a los objetos de la teoría (y ciertamente, que $\mathfrak{u}$ y $\mathfrak{v}$ designaban el mismo objeto cuando se verificaba $\mathfrak{u}=\mathfrak{v}$), en principio no puede trasladarse a la nueva teoría $T_{\sim}$. Para ello deben introducirse nuevos objetos, pues $\mathfrak{u}$ y $\mathfrak{v}$ deben designar el mismo objeto cuando $\mathfrak{u} \sim \mathfrak{v}$. Se arregla esta situación creando a partir de las constantes de T nuevas constantes, por ejemplo, poniendo una rayita encima: $\overline{\mathfrak{u}}$, $\overline{\mathfrak{v}}$, ... Para las nuevas constantes pondremos

$$\overline{\mathfrak{u}}=\overline{\mathfrak{v}} \rightleftharpoons \mathfrak{u} \sim \mathfrak{v} . \qquad (13.8)$$

Con ello no se han creado nuevos objetos, sino que esencialmente se ha vuelto de nuevo al habitual signo de igualdad. No estamos en condiciones de decir si las nuevas constantes designan nuevos objetos, sólo ciertamente sabemos que $\overline{\mathfrak{u}}$ y $\overline{\mathfrak{v}}$ *designan* el mismo objeto si se verifica $\overline{\mathfrak{u}}=\overline{\mathfrak{v}}$. Esta relación «*semántica*» entre constantes y objetos no aparece en la teoría formal. Por consiguiente, la introducción de tal «*façon de parler*» de nuevos objetos no presenta inconvenientes. Se dice que los nuevos objetos han surgido por *abstracción* y se habla de ellos como de objetos *abstractos*. Naturalmente, en este proceso de abstracción, por tanto, en el paso de T a $T_{\sim}$, pueden los objetos de T ser ya abstractos.

La aplicación más importante de la abstracción en la Lógica es la introducción de *relaciones* y *funciones*.

Para ello partiremos de una teoría formal con términos. Esta teoría será el objeto de nuestras consideraciones, en particular sus clases de fórmulas y de términos. En primer lugar deduciremos, *relaciones* por abstracción de las fórmulas.

Sean $\mathcal{A}(x)$ y $\mathcal{B}(y)$ fórmulas con una única variable libre. La equivalencia, es decir, la validez de

$$\bigwedge_z . \mathcal{A}(z) \longleftrightarrow \mathcal{B}(z). \qquad (13.9)$$

es una igualdad total (abstracta).

Como notación para los abstractos a formar se recomienda la aplicación de un operador, con el que van ligadas las variables libres que aparecen en las fórmulas. Para el abstracto que se obtiene a partir de $\mathcal{A}(x)$, siguiendo a PEANO, escribiremos, $\epsilon_x\, \mathcal{A}(x)$; es su lugar, RUSSELL escribía $\hat{x}\mathcal{A}(x)$.

Por tanto, pondremos:

$$\epsilon_x\, \mathcal{A}(x) = \epsilon_y\, \mathcal{B}(y) \rightleftharpoons \wedge_z\, .\, \mathcal{A}(z) \longleftrightarrow \mathcal{B}(z). \tag{13.10}$$

En estas condiciones se deduce inmediatamente

$$\epsilon_x\, \mathcal{A}(x) = \epsilon_y\, \mathcal{B}(y) \wedge \mathcal{A}(\mathrm{u}) \longrightarrow \mathcal{B}(\mathrm{u}).$$

Por tanto, la validez de $\mathcal{A}(\mathrm{u})$, es decir, de $\sigma_x \mathcal{A}(x)\,[\mathrm{u}]$ (véase pág. 88) es una proposición sobre la fórmula $\mathcal{A}(x)$, compatible con la igualdad (13.10). Por consiguiente, podemos definir, aplicando de nuevo el símbolo ϵ, proposiciones sobre $\epsilon_x\, \mathcal{A}(x)$ por

$$\mathrm{u} \in \epsilon_x\, \mathcal{A}(x) \rightleftharpoons \mathcal{A}(\mathrm{u}). \tag{13.11}$$

Los abstractos de fórmulas con una variable libre los denominaremos *clases* (o *conjuntos*). Esta abstracción puede generalizarse, sin más, sobre fórmulas con varias variables, y llegamos así a las *relaciones:*

$$\epsilon_{x_1, \ldots, x_n}\, \mathcal{A}(x_1, \ldots, x_n) = \epsilon_{y_1, \ldots, y_n}\, \mathcal{B}(y_1, \ldots, y_n)$$
$$\rightleftharpoons \wedge_{z_1, \ldots, z_n}\, .\, \mathcal{A}(z_1, \ldots, z_n) \longleftrightarrow \mathcal{B}(z_1, \ldots, z_n). \tag{13.12}$$

$$y_1, \ldots, y_n \in \epsilon_{x_1, \ldots, x_n}\, \mathcal{A}(x_1, \ldots, x_n) \rightleftharpoons \mathcal{A}(y_1, \ldots, y_n). \tag{13.13}$$

Con más exactitud, $\epsilon_{x_1, \ldots, x_n}\, \mathcal{A}(x_1, \ldots, x_n)$ se denomina *relación de orden n*; por tanto, las clases son relaciones de orden 1.

Si se parte de la consideración de términos en lugar de fórmulas, se llega de modo correspondiente a las *funciones.* Así como las relaciones son *abstractos de fórmulas,* las funciones son *abstractos de términos.* Si $\mathfrak{U}(x)$, $\mathfrak{V}(y)$, ..., son términos que contienen exactamente una variable libre, consideraremos la igualdad abstracta

$$\wedge_z\, \mathfrak{U}(z) = \mathfrak{V}(z) \tag{13.14}$$

y con ayuda de un operador ι_x (ι fue introducida por PEANO como recíproca de la jota—en su lugar CHURCH utiliza λ—) definiremos

$$\iota_x\, \mathfrak{U}(x) = \iota_y\, \mathfrak{V}(y) \rightleftharpoons \wedge_z\, \mathfrak{U}(z) = \mathfrak{V}(z). \tag{13.15}$$

De la anterior se deduce

$$\imath_x \mathfrak{U}(x) = \imath_y \mathfrak{V}(y) \longrightarrow \mathfrak{U}(u) = \mathfrak{V}(u),$$

de modo que $\mathfrak{U}(u)$ es un término, compatible con la igualdad abstracta. Por consiguiente, en correspondencia con (13.11), puede definirse mediante el símbolo $\imath$

$$\imath_x \mathfrak{U}(x) \,\imath\, u \rightleftharpoons \mathfrak{U}(u). \tag{13.16}$$

Para los términos $\mathfrak{U}(x)$ que tengan exactamente una variable libre, se denomina $\imath_x \mathfrak{U}(x)$ una *aplicación*. Para términos con varias variables se define

$$\imath_{x_1, \ldots, x_n} \mathfrak{U}(x_1, \ldots, x_n) = \imath_{y_1, \ldots, y_n} \mathfrak{V}(y_1, \ldots, y_n)$$
$$\rightleftharpoons \bigwedge_{z_1, \ldots, z_n} \mathfrak{U}(z_1, \ldots, z_n) = \mathfrak{V}(z_1, \ldots, z_n) \tag{13.17}$$

$$\imath_{x_1, \ldots, x_n} \mathfrak{U}(x_1, \ldots, x_n) \,\imath\, y_1, \ldots, y_n \rightleftharpoons \mathfrak{U}(y_1, \ldots, y_n). \tag{13.18}$$

$\imath_{x_1, \ldots, x_n} \mathfrak{U}(x_1, \ldots, x_n)$ se denomina una *función de orden n*. Por tanto, con la terminología empleada, las aplicaciones son funciones de orden 1.

En analogía con el epígrafe 1, a las relaciones o funciones se les puede designar *significados* extensionales de las fórmulas o términos. Respecto a los correspondientes significados intensionales se tiene: fórmulas o términos se dicen intensionalmente iguales, cuando es verdadera-lógica (en lugar de válida) la (13.9), o bien (13.14). Puede tomarse la tabla del final del epígrafe 1, sin más que poner «fórmula» en lugar de «predicado». Dicha tabla debe completarse mediante:

Simbolos		Término	(Término de orden 1)	Constante
Significado	Intensión	Concepto de función	(Concepto de aplicación)	Concepto de objeto
	Extensión	Función	(Aplicación)	Objeto

Ahora introduciremos nuevas variables:

$\rho, \sigma, \ldots$ para las relaciones,

$\varphi, \psi, \ldots$ para las funciones.

Las definiciones de igualdad (13.10) y (13.15) dan

$$\rho = \sigma \longleftrightarrow \bigwedge_z . z \epsilon \rho \longleftrightarrow z \epsilon \sigma.$$

$$\varphi = \psi \longleftrightarrow \bigwedge_z . \varphi \iota z = \psi \iota z.$$

Mientras en la Matemática la ϵ es completamente habitual—nadie escribe $(x)\rho$ en lugar de $x \epsilon \rho$—en ella no se utiliza ningún símbolo que ocupe el lugar de ι, y se escribe $\varphi(x)$ en lugar de $\varphi \iota x$. Pero este modo de escribir está en oposición con el uso de paréntesis, que indican la presencia de variables en las fórmulas o términos.

Para una relación de orden 2 escribiremos

$$x \rho y \quad \text{en lugar de} \quad x, y \epsilon \rho;$$

correspondientemente, para las funciones φ de orden 2 pondremos

$$x \varphi y \quad \text{en lugar de} \quad \varphi \iota x, y.$$

La analogía entre relaciones y funciones acaba ahí, pues para una constante u sólo $\varphi \iota$ u es de nuevo una constante, ya que, por el contrario, u $\epsilon \rho$ es una fórmula. En consecuencia, sólo se puede formar $\varphi \iota \psi \iota x$, mientras $x \epsilon \rho \dot{\epsilon} \sigma$ carece de sentido. Por tanto, sólo las funciones pueden *encadenarse*. La encadenación de φ con ψ la representaremos por $\varphi \iota \psi$, de modo que se verifica

$$\varphi \iota \psi \dot{\iota} x = \varphi \dot{\iota} \psi \iota x.$$

De la anterior se deduce, para otra función χ:

$$\varphi \iota \psi \dot{\iota} \chi = \varphi \dot{\iota} \psi \iota \chi.$$

Para las relaciones existen enlaces que están en correspondencia con las partículas lógicas; por ejemplo, si nos limitamos a considerar el caso de orden 1, tenemos:

$$\rho \cap \sigma = \epsilon_x . x \epsilon \rho \wedge x \epsilon \sigma. \qquad \textit{(intersección)}$$

$$\rho \cup \sigma = \epsilon_x . x \epsilon \rho \vee x \epsilon \sigma. \qquad \textit{(unión)}$$

$$\rho \llcorner \sigma = \epsilon_x . x \epsilon \rho \llcorner x \epsilon \sigma. \qquad \textit{(diferencia)}$$

$$\rho \sqcup \sigma = \epsilon_x . x \epsilon \rho \sqcup x \epsilon \sigma. \qquad \textit{(suma de Boole)}$$

$$\overline{\rho} = \epsilon_x \overline{x \epsilon \rho}. \qquad \textit{(complemento)}$$

Partiendo de una *forma de clase* $\rho(y)$ —se trata de una expresión con variables libres, en la que al sustituir las variables se transforma en el nombre para una clase (constante-clase), como la que se obtiene, por ejemplo, a partir de una fórmula con dos variables $\mathcal{A}(x, y)$ por formación de $\epsilon_x \mathcal{A}(x, y)$—los cuantores dan las operaciones:

$$\bigcap_y \rho(y) = \epsilon_x \bigwedge_y x \in \rho(y) \qquad \textit{(intersección)}$$

$$\bigcup_y \rho(y) = \epsilon_x \bigvee_y x \in \rho(y). \qquad \textit{(unión)}$$

En lugar de la implicación entre fórmulas aparece aquí, finalmente, la *inclusión*

$$\rho \subseteq \sigma \rightleftharpoons \bigwedge_z . z \in \rho \rightarrow z \in \sigma.$$

La parte de la *teoría de conjuntos* que sólo contiene teoremas sobre estas operaciones no es otra cosa que lógica formal, expresada de otro modo.

Para relaciones de orden 2 hay que añadir, como más importantes, las operaciones de *conversión* y *multiplicación*, ya estudiadas en el capítulo 1:

$$\tilde{\rho} \rightleftharpoons \epsilon_{x,y}\, y \rho x$$

$$\rho \mid \sigma \rightleftharpoons \epsilon_{x,z} \bigvee_y . x \rho y \wedge y \sigma z.$$

Las igualdades

$$\rho \mid \sigma \mid \tau = \rho \mid \sigma \mid \tau \quad \text{y} \quad \widetilde{\rho \mid \sigma} = \tilde{\sigma} \mid \tilde{\rho}$$

demostradas en el capítulo 1, aparecen ahora como teoremas de lógica de cuantores.

La *transitividad* de una relación τ de orden 2, es decir,

$$x \tau y \wedge y \tau z \rightarrow x \tau z$$

puede darse ahora en la forma $\tau \mid \tau \subseteq \tau$; la *simetría*

$$x \tau y \rightarrow y \tau x \quad \text{por} \quad \tau \subseteq \tilde{\tau}.$$

De la «*Lógica de relaciones*» trataremos aquí únicamente la *modularidad*, importante en *Algebra:*

$$\text{si} \quad \rho \subseteq \tau, \quad \text{entonces} \quad \rho \mid \sigma \cap \tau = \rho \mid \sigma \cap \tau, \qquad (13.19)$$

que es válida para igualdades parciales τ y relaciones de orden 2, arbitrarias, ρ, σ ($\cap$ liga más débilmente que $|$).

Para la demostración de (13.19) se necesita una inclusión valedera para relaciones de segundo orden, ρ, σ, τ arbitrarias (SCHRÖDER, 1895):

$$\rho \mid \sigma \cap \tau \subseteq \rho \cap \tau \mid \tilde{\sigma} \mathbin{¦} \sigma \cap \tilde{\rho} \mid \tau. \tag{13.20}$$

Esta inclusión se deduce de

$$\begin{aligned} x\, \rho \mid \sigma\, z \wedge x\, \tau\, z &\longleftrightarrow \bigvee_y . x\, \rho\, y \wedge y\, \sigma\, z . \wedge x\, \tau\, z \\ &\longleftrightarrow \bigvee_y . x\, \rho\, y \wedge y\, \sigma\, z \wedge x\, \tau\, z . \\ &\longleftrightarrow \bigvee_y . x\, \rho\, y \wedge x\, \tau\, z \wedge z\, \tilde{\sigma}\, y \wedge y\, \sigma\, z \wedge y\, \tilde{\rho}\, x \wedge x\, \tau\, z. \\ &\longrightarrow \bigvee_y . x\, \rho\, y \wedge x\, \tau \mid \tilde{\sigma}\, y \wedge y\, \sigma\, z \wedge y\, \tilde{\rho} \mid \tau\, z. \\ &\longrightarrow \bigvee_y . x\, \rho \cap \tau \mid \tilde{\sigma}\, y \wedge y\, \sigma \cap \tilde{\rho} \mid \tau\, z. \end{aligned}$$

Ahora se deduce (13.19) del modo siguiente:

En primer lugar se verifica:

$$\rho \mathbin{¦} \sigma \cap \tau \subseteq \tau \mid \tau \subseteq \tau \quad \text{y} \quad \rho \mathbin{¦} \sigma \cap \tau \subseteq \rho \mid \sigma.$$

Por ser $\tilde{\rho} \subseteq \tilde{\tau} \subseteq \tau$, en virtud de (13.20) vale también

$$\rho \mid \sigma \cap \tau \subseteq \rho \cap \tau \mid \tilde{\sigma} \mathbin{¦} \sigma \cap \tilde{\rho} \mid \tau \subseteq \rho \mathbin{¦} \sigma \cap \tau \mid \tau \subseteq \rho \mathbin{¦} \sigma \cap \tau.$$

14. Cálculos de igualdades

Las consideraciones hechas hasta el momento sobre la igualdad dan motivo para ampliar el cálculo de cuantores. En correspondencia con la definición de una teoría formal con términos, tomaremos como figuras atómicas de un *cálculo de igualdades con términos,* las siguientes:

(1) *Términos primitivos* $u, v, \ldots$
$u(x), v(x), \ldots$
$u(x, y), v(x, y), \ldots$

(2) *Fórmulas primitivas* $a, b, \ldots$, incluyendo $\curlyvee$, $\curlywedge$
$a(x), b(x), \ldots$
$a(x, y), b(x, y), \ldots$
$x = y$

(3) Los juntores y cuantores lógicos juntamente con paréntesis.

Los *términos* $U, V, \ldots$ se engendran—partiendo de términos primitivos—por sustitución iterada de las variables $x, y, \ldots,$ por términos primitivos. Las *fórmulas* $A, B, \ldots$ se forman por composición de fórmulas primitivas mediante partículas lógicas y reemplazamiento de las variables $x, y, \ldots$ por términos.

Las reglas fundamentales para la deducción de implicaciones $A < B$ son las mismas del cálculo de cuantores, añadiendo las

$$x = x$$
$$x = y < A(x) \longrightarrow A(y) \qquad (14.1)$$

[x libre respecto de y en $A(x)$].

Además, tenemos la regla de inserción de términos

$$A(x) < B(x) \implies A(U) < B(U) \qquad (14.2)$$

[x libre respecto a U en $A(x)$ y $B(x)$].

Comprensiblemente pueden establecerse cálculos para la *verdad de la igualdad lógica* (en lugar de los aquí desarrollados sobre *implicación de la igualdad lógica).*

Si se prescinde en la formulación de todo lo relativo a los términos, se obtiene el *cálculo puro de igualdad.* El problema de la deducibilidad de una fórmula en el cálculo de igualdades con términos, puede retrotraerse sobre el problema correspondiente en un cálculo puro de igualdades. Para ello se debe proceder tal como fue descrito para las teorías formales en el epígrafe 12. Si $a_1, \ldots, a_n$, o bien $u_1, \ldots, u_n$ son los símbolos de las fórmulas primitivas, o bien los términos primitivos que aparecen en una fórmula A, entonces se les agrega a los $u_1, \ldots, u_n$ nuevos símbolos $b_1, \ldots, b_n$ de fórmulas primitivas—de forma que b_ν deberá ser de orden $k+1$ si u_ν es de orden k. Se forma la conjunción B de fórmulas

$$\bigvee_z \bigwedge_y . b_\nu(x_1, \ldots, x_k, y) \longleftrightarrow y = z.$$

y, en primer lugar, se reemplaza en A cada término $u_\nu(x_1, \ldots, x_k)$ por el ι-término $\iota_y b_\nu(x_1, \ldots, x_k, y)$. Después deben eliminarse, según lo dado en el epígrafe 12, los ι-términos que aparezcan en A, hasta alcanzar una fórmula A', libre de términos. En virtud de las consideraciones hechas en el epígrafe 12, *A es exactamente deducible en* *la lógica de la igualdad, cuando $B \rightarrow A'$ sea deducible en el cálculo puro de igualdad.*

Además, para el cálculo de igualdad puro es posible una reducción sobre el cálculo de cuantores. Sea A una fórmula del cálculo puro de igualdad. Reemplazamos en A cada fórmula primitiva $x=y$ por una fórmula primitiva $c(x, y)$. Se obtiene así una fórmula A' del cálculo de cuantores. Para los símbolos $a_1, \ldots, a_m$ que aparecen en A, formamos la conjunción C de las fórmulas

$$\left.\begin{array}{c} c(x, x) \\ c(x, z) \wedge c(y, z) \rightarrow c(x, y) \end{array}\right\} \qquad (14.3)$$

$$c(x, y) \wedge a_\mu(\ldots, x, \ldots) \rightarrow a_\mu(\ldots, y, \ldots). \qquad (14.4)$$

Si a_μ es de orden k_μ, existen $\sum_1^m {}_\mu k_\mu$, fórmulas (14.4).

La fórmula A es exactamente deducible en un cálculo puro de igualdad cuando $C \rightarrow A'$ lo es en el cálculo de cuantores.

Demostración: Si $C \rightarrow A'$ es deducible en la lógica de cuantores, entonces A es deducible en la lógica de igualdad, porque la fórmula que se obtiene efectuando en C la sustitución de $c(x, y)$ por $x=y$ es deducible en la lógica de igualdad. Recíprocamente, si A es deducible en la lógica de igualdad, entonces en la lógica de cuantores existe una deducción de A' a partir de $c(x, x)$ y un número finito de fórmulas de la forma

$$c(x, y) \wedge B(x) \rightarrow B(y).$$

Todas estas fórmulas son deducibles de C siempre que en B aparezcan exclusivamente los símbolos $a_1, \ldots, a_m$, o bien c. Si aparecen otros símbolos b, entonces las fórmulas primitivas $b(x_1, x_2, \ldots)$ pueden reemplazarse en toda la deducción anterior por una fórmula arbitraria, por ejemplo, $\curlyvee$, sin que por ello *varíe* la fórmula final A'. Con ello queda subsanado el defecto existente en la demostración del teorema de indecisión de Church (epígrafe 11).

El *teorema de totalidad* para el cálculo clásico de cuantores fue extendido por Gödel (1930), también para el cálculo clásico de igualdades. De nuevo nos limitaremos a considerar el cálculo de igualdades puro.

Por *interpretación* de una fórmula en la lógica de igualdades debe entenderse lo siguiente: una clase ω de objetos no vacía, juntamente con una adscripción de los símbolos existentes con funciones lógicas sobre ω, donde, además, al símbolo de igualdad, $=$, se le hace corresponder aquella función lógica δ para la que se verifica

$$\delta \rceil \mathfrak{r}, \mathfrak{n} = \begin{cases} \curlyvee, & \text{si} \quad \mathfrak{r} = \mathfrak{n} \\ \curlywedge, & \text{si} \quad \mathfrak{r} \neq \mathfrak{n}. \end{cases} \tag{14.5}$$

Por tanto, hemos supuesto que en ω se dispone de la igualdad (concreta) entre los objetos. Si aún intervinieran términos, a los símbolos habría que hacerles corresponder funciones cuyos argumentos y valores fueran objetos de ω.

En cada una de estas interpretaciones se hace corresponder siempre al axioma de igualdad el valor $\curlyvee$. Por consiguiente, el cálculo de igualdades es consistente respecto a la clase de fórmulas válidas generales (lógica de la igualdad).

Para demostrar la *totalidad,* sea A una fórmula de la lógica de igualdad, que es consistente absoluta. Por tanto, $\overline{A}$ será no deducible en el cálculo clásico de igualdades. Con la misma notación de antes, $\overline{A}$ es exactamente deducible cuando $C \longrightarrow \overline{A'}$, es decir, $\overline{C \wedge A'}$ es deducible en la lógica de cuantores. En consecuencia, $C \wedge A'$ es consistente absoluta en la lógica de cuantores y con ello realizable, en virtud del teorema de totalidad del epígrafe 12. Un modelo de $C \wedge A'$ tiene ω como clase de objetos y $\varphi_1, \ldots, \varphi_n$ como funciones adscritas a los símbolos distintos del c. Hagamos corresponder a c la función lógica χ, Para los objetos $\mathfrak{r}$, $\mathfrak{n}$, ... de ω pondremos:

$$\mathfrak{r} \sim \mathfrak{n} \rightleftharpoons \chi \rceil \mathfrak{r}, \mathfrak{n} = \curlyvee.$$

Por verificar la interpretación las fórmulas (14.3), $\sim$ es una igualdad total (abstracta) en ω. Por cumplirse también las fórmulas (14.4), las funciones $\varphi_1, \varphi_2, \ldots, \varphi_n$ son compatibles con $\sim$. Esta compatibilidad indica la validez de

$$\mathfrak{r} \sim \mathfrak{n} \longrightarrow \varphi_\nu \rceil \ldots, \mathfrak{r}, \ldots = \varphi_\nu \rceil \ldots, \mathfrak{n}, \ldots$$

Por abstracción pasamos a los nuevos objetos $\overline{\mathfrak{r}}$, $\overline{\mathfrak{n}}$, ..., con

$$\overline{\mathfrak{r}} = \overline{\mathfrak{n}} \rightleftharpoons \mathfrak{r} \sim \mathfrak{n}.$$

Sea $\bar{\omega}$ la clase de estos objetos abstractos. Las funciones $\varphi_1, \ldots, \varphi_n$ y χ se transforman en la abstracción en las funciones lógicas $\bar{\varphi}_1, \ldots, \bar{\varphi}_n$ y $\bar{\chi}$ para $\bar{\omega}$. La interpretación con la clase $\bar{\omega}$ y las funciones $\bar{\varphi}_1, \ldots, \bar{\varphi}_n$ es un modelo de A en la lógica de igualdad, pues para $\bar{\chi}$ se verifica (14.5) con $\bar{\chi}$ en lugar de δ y $\bar{\mathfrak{r}}, \bar{\mathfrak{n}}, \ldots$ en lugar de $\mathfrak{r}, \mathfrak{n}, \ldots$

Del mismo modo se deduce para el cálculo de igualdades la generalización del teorema de totalidad para clases de fórmulas, y con ello, el *teorema de finitud. Si cualquier número finito de fórmulas (lógica de igualdad) de una clase son conjuntamente realizables, la totalidad de fórmulas de la clase son conjuntamente realizables.*

Para las fórmulas $A_1, A_2, \ldots$ de tales clases, en correspondencia con lo efectuado en la demostración análoga, formaremos las fórmulas de la lógica de cuantores,

$$C_1 \wedge A_1', \; C_2 \wedge A_2', \; \ldots$$

Puesto que un número finito de estas fórmulas son realizables, son por tanto, realizables en común. Un modelo de las fórmulas

$$C_1 \wedge A_1', \; C_2 \wedge A_2', \; \ldots$$

da de nuevo, por abstracción, un modelo de $A_1, A_2, \ldots$

Debe tenerse en cuenta la siguiente distinción respecto de la lógica de cuantores. Muchas fórmulas, como por ejemplo la $\bigwedge_{x,y} x=y$, son realizables, pero no existe ningún *modelo infinito,* es decir, ningún modelo cuya clase de objetos sea infinita.

Por el contrario, *si una fórmula de la lógica de cuantores es realizable, existen siempre modelos infinitos.* Bastaría, por ejemplo, añadir a un modelo M infinitos nuevos objetos e «*identificar*» los nuevos objetos con un objeto cualquiera $\mathfrak{r}_0$ de M. Es decir, se extienden las funciones lógicas $\varphi, \psi, \ldots$ de M sobre los nuevos objetos, poniendo para uno de ellos $\mathfrak{z}$, por ejemplo:

$$\varphi' \,\imath \ldots, \mathfrak{z}, \ldots \rightleftharpoons \varphi \,\imath \ldots, \mathfrak{r}_0, \ldots$$

El nuevo modelo M' se denomina un *supermodelo* de M, porque su clase de objetos *comprende* la clase de objetos de M y sus funciones lógicas $\varphi', \psi', \ldots,$ *prolongan* las funciones lógicas de M, es decir, cumplen

$$\varphi' \,\imath\, \mathfrak{r}, \mathfrak{n}, \ldots = \varphi \,\imath\, \mathfrak{r}, \mathfrak{n}, \ldots \quad \text{para todo} \quad \mathfrak{r}, \mathfrak{n}, \ldots \text{ de } M.$$

Para las fórmulas y modelos de la lógica de igualdad vale el interesante *teorema de extensión* (ROBINSON, 1951):

Todo modelo infinito de una clase de fórmulas en la lógica de la igualdad tiene un supermodelo propio.

DEMOSTRACIÓN: Sea K la clase de fórmulas y N la clase de objetos de un modelo de K; $\varphi_1, \varphi_2, \ldots$, serán las funciones lógicas del modelo. Hacemos corresponder, de modo unívoco, a los objetos $\mathfrak{r}_1, \mathfrak{r}_2, \ldots$ de N los símbolos constantes $u_1, u_2, \ldots$ A K le añadimos las siguientes fórmulas:

(1) $\neg\, u_\mu = u_\nu$ para $\mu \neq \nu$;

(2) $a(u_1, \ldots, u_n)$ o bien $\neg\, a(u_1, \ldots, u_n)$

según que la función lógica φ, adscrita a a, tome el valor $\curlyvee$ o el $\curlywedge$ para los objetos correspondientes a los símbolos $u_1, \ldots, u_n$.

La clase de fórmulas K', así ampliada, tiene esencialmente todavía el mismo modelo—basta añadir los símbolos constantes $u_1, u_2, \ldots$, adscritos a sus correspondientes objetos. Todas las nuevas fórmulas son realizables mediante la interpretación utilizada hasta ahora.

Añadimos aún un nuevo símbolo constante v y ampliamos K' con las fórmulas

(3) $\neg\, v = u_\nu$ para $\nu = 1, 2, \ldots$

La clase K^* obtenida es todavía consiste absoluta, pues si se añaden a K', sólo un número finito de fórmulas (3)

$$\neg\, v = u_{\nu_1}, \ldots, \neg\, v = u_{\nu_n}$$

existe un modelo (por haber supuesto el modelo N infinito); se adscribe v a un objeto de N que no corresponda a ninguno de los símbolos $u_{\nu_1}, \ldots, u_{\nu_n}$. Por tanto, también tiene K^* un modelo. Sea N^* la clase de objetos, $\varphi_1^*, \varphi_2^*, \ldots$, las funciones lógicas de este modelo y $\mathfrak{r}_1^*, \mathfrak{r}_2^*, \ldots$ los objetos adscritos con $u_1, u_2, \ldots$ En virtud de (1), la correspondencia entre los $\mathfrak{r}_1^*, \mathfrak{r}_2^*, \ldots$ y los $u_1, u_2, \ldots$ es biunívoca. En consecuencia, se pueden reemplazar las u por las $\mathfrak{r}_1, \mathfrak{r}_2, \ldots$ De este modo N^* es una superclase de N y, en virtud de (3), superclase propia. Finalmente, teniendo en cuenta (2), se comprueba que las φ_ν^* son prolongación de las φ_ν.

Este teorema de extensión da, por ejemplo, para todo sistema de axiomas consistente de la Aritmética—y ciertamente también para sistemas de axiomas infinitos—modelos heteromorfos, es decir, modelos que no son isomorfos al modelo de los números cardinales (véase página 116).

APENDICE

interpretación dialéctica de la lógica efectiva

Si comparamos la demostración de la totalidad para el cálculo de cuantores efectivo con la correspondiente al cálculo de cuantores clásico, la dificultad radica, en primer lugar, en que debe darse una clase de fórmulas, respecto a la cual el cálculo sea total (y consistente).

En los epígrafes 8–10 hemos mostrado que el cálculo de cuantores efectivo, allí dado, es consistente en relación con la clase de fórmulas admisibles generales (que deben ser interpretadas como reglas, metarreglas, ...). Se dice que una regla es admisible (respecto a un cálculo K), cuando—aplicado sobre figuras deducibles de K—da lugar siempre a figuras deducibles de K. Una metarregla se dice admisible (repecto a K) cuando—aplicada sobre reglas admisibles de K—da siempre lugar a reglas admisibles de K, etc.

Una regla, metarregla, etc., se llama admisible general cuando es admisible respecto a todo cálculo.

La anterior definición de admisibilidad general de fórmulas es de difícil aplicación en una demostración de totalidad, pues para ello sería necesario demostrar que es numerable la clase de transformaciones efectivas que pueden aplicarse para cálculos arbitrarios.

Esta dificultad se atenúa si se varía algo la interpretación operativa (véase LORENZEN, 1962). Utilizaremos los cálculos exclusivamente para obtener proposiciones primitivas «definidas demostrables». Si K es un cálculo y $\mathcal{A}$ una figura, se dice que la proposición $\vdash_K \mathcal{A}$ es definida demostrable porque está determinado cómo se «demuestra» esta proposición, a saber, por construcción de una deducción de la figura $\mathcal{A}$. En este sentido, la admisibilidad de una regla $\mathcal{A} \Longrightarrow \mathcal{B}$ no es definida demostrable: No está determinado cuál debe ser el «procedimiento» con el que se puede transformar una deducción de $\mathcal{A}$ en una de $\mathcal{B}$. Esta claro cómo se podría atacar a alguien que afirmase la admisibilidad de $\mathcal{A} \Longrightarrow \mathcal{B}$: Se construiría una deducción de $\mathcal{A}$, y la afirmación deberá ser defendida mediante la construcción de una deducción de $\mathcal{B}$. Sólo cuando la afirmación pueda ser defendida contra todos los ataques del tipo dado, la regla es admisible.

No parece que hayamos ganado nada, porque no se puede decidir cuándo existe una «estrategia de victoria» (que defienda la afirmación contra todo ataque). Pero se demuestra que es numerable la clase de estrategias de victoria que son aplicables para cualquier proposición primitiva definida demostrable.

Tenemos que determinar cómo se puede atacar y defender una proposición compuesta de proposiciones primitivas definidas demostrables, ligadas mediante partículas lógicas. Para ello tenemos que determinar cómo se conduce un «diálogo» para la defensa de una afirmación. Sin ocuparnos de proposiciones primitivas especiales (por ejemplo, de las proposiciones deducibles en un cálculo especial), emplearemos sólo variables a, b, c, ... como proposiciones primitivas —también eventualmente, fórmulas primitivas $a(x)$, $b(x, y)$, ... con variables objeto libres.

A partir de las fórmulas primitivas se componen fórmulas arbitrarias A, B, ... mediante el empleo de las partículas lógicas $\wedge$, $\vee$, $\rightarrow$, $\neg$, $\bigwedge$, $\bigvee$. Si se afirma una fórmula compuesta, la aplicación lingüística de las partículas lógicas del idioma natural proporciona las siguientes reglas de ataque y respuesta, es decir, de defensa (contra un ataque) o de contraataque:

1. Si se afirma $A \wedge B$, puede atacarse cualquiera de las dos proposiciones parciales. El ataque lo representaremos por L? o bien por R?; para la defensa debe sostenerse A, o bien B.

2. Si se afirma $A \vee B$, entonces esto sólo puede ser atacado por ?, y debe defenderse electivamente por A o por B.

3. Si se afirma $A \rightarrow B$, entonces esto puede ser atacado por ?, si el atacante también afirma A. Como réplica cabe la defensa de B o un contraataque sobre A.

4. Se afirma $\neg A$; esto puede ser atacado por ? cuando al propio tiempo el atacante afirma A. Como respuesta sólo es posible un contraataque sobre A.

5. Si se afirma $\bigwedge_x A(x)$, entonces se puede atacar por y?, mediante

una variable arbitraria [respecto a la cual es x libre en $A(x)$]; entonces, para la defensa debe mantenerse $A(y)$.

6. Si se afirma $\bigvee_x A(x)$, esto sólo puede atacarse por ?, y debe defenderse mediante $A(y)$ con una variable libremente elegida [respecto a la cual x es libre en $A(x)$].

Recopilamos estas reglas de diálogo en una tabla de ataque-defensa:

Fórmula compuesta	Ataque	Defensa
$A \wedge B$	$L?$	A
	$R?$	B
$A \vee B$	?	A
		B
$A \rightarrow B$	A ?	B
$\neg B$	A ?	
$\bigwedge_x A(x)$	$y?$	$A(y)$
$\bigvee_x A(x)$	?	$A(y)$

La validez de esta tabla es independiente de la utilización del idioma natural. Representa una normalización del diálogo con partículas lógicas. Esta normalización no es arbitraria, porque no existen otras posibilidades que permitan reducir sobre un diálogo acerca de proposiciones parciales, un diálogo relativo a una proposición compuesta—sin tener en cuenta las particularidades de las proposiciones parciales—. Para este problema de la totalidad de las partículas lógicas efectivas véase K. LORENZ, «El juego dialéctico como fundamento semántico de los cálculos lógicos», aparecido en: *Archiv f. math. Logik u. Grundlagenforschung).*

Según esta tabla podemos interpretar el diálogo como un juego entre dos personas que intercambian fórmulas o símbolos de ataque ?, $L?$, $R?$, $y?$. Ciertamente, tendremos que reglamentar aún el juego. Aquellos que quieran defender una proposición (su tesis) en el juego los llamaremos, con la terminología escolástica, defensores; sus contrarios serán los oponentes. Para que el defensor pueda defender su tesis, el oponente propone algunas proposiciones (como hipótesis). Sólo en el caso excepcional en el que la tesis sea una verdad lógica no se utiliza hipótesis. En los otros casos excepcionales, en los que la conjunción de las hipótesis es falsa lógica, el defensor puede renunciar a la tesis. Un ejemplo sencillo del caso normal es el siguiente: el oponente propone $a \vee b$ y $\neg a$; entonces, el defensor debe defender b. Completamos la tabla estableciendo para las fórmulas primitivas que pueden ser atacadas por ?, sin que sea posible una respuesta a este ataque. (Para la defensa de las fórmulas primitivas serían necesarios conocimientos especiales sobre ellas, que no caben dentro de la lógica formal.) El defensor únicamente puede impugnar una fórmula primitiva cuando esta misma fórmula primitiva sea precisamente la última fórmula atacada por el oponente (el oponente no puede mantener este ataque si simultáneamente afirma la problemática fórmula primitiva).

Damos el siguiente esquema del desarrollo de un juego:

Filas	Oponente		Defensor	
(1)	$a \vee b$			
(2)	$\neg a$			b
(3)		? (2)	(1) ?	
(4)	a		(2) ?	a
(5)		? (4)	(4) ?	

Las hipótesis del oponente están en las filas (1) y (2). La tesis del defensor está en la fila (2). En la fila (3) el oponente comienza con un ataque sobre la fórmula primitiva de la fila (2), ataque que representamos por ? (2). El defensor contesta con un ataque sobre la hipótesis de la fila (1), ataque que representamos en la fila (3) por (1)? El oponente podría defenderse en la fila (4) con b, pero entonces podría atacar el defensor esta b y hubiese ganado. En consecuencia, tiene que defenderse con a. Ahora ataca el defensor con (2) ? la hipótesis de la fila (2), con lo que él mismo debe afirmar a. Si, como es natural, sólo permitimos al oponente atacar una vez cada fórmula, en este caso no debe insistir en una defensa de la fórmula primitiva b, mediante una repetición del ataque ? (2); en consecuencia, en la fila (5) el oponente debe atacar la fórmula primitiva *a* mediante ? (4). En estas condiciones, el defensor ataca la fórmula primitiva *a* en (4) y con ello gana. El defensor gana en todos los casos; la tesis se deduce en lógica efectiva de la hipótesis.

En ejemplos como el dado se ve que el defensor debe tener la posibilidad de atacar todas las fórmulas propuestas por el oponente (por ejemplo, todas las hipótesis), pero las fórmulas primitivas sólo podrá atacarlas cuando estas mismas fórmulas primitivas le hayan sido atacadas a él. Si el oponente ha propuesto una fórmula primitiva, carece de sentido exigirle que no la ataque; él debe defender esta fórmula primitiva, pues si ataca una fórmula primitiva que él mismo ha afirmado, debe perder inmediatamente.

Hemos llegado a la siguiente normalización del curso del juego:

(1) Después de proponer el oponente las hipótesis (eventualmente ninguna), elige el defensor una tesis (eventualmente ninguna). Con ello se alcanza el punto de partida y el oponente está en juego.

(2) Cada uno de los jugadores puede atacar todas las proposiciones afirmadas por su contrincante durante el diálogo o puede defenderse del último ataque de su contrincante. Durante el juego, el oponente puede atacar cada proposición a lo sumo una vez; por el contrario, el defensor puede hacerlo varias. (Detrás del símbolo de ataque se debe colocar la fila de la fórmula atacada del contricante; basándonos en este convenio se podría prescindir de escribir el símbolo ?)

(3) El defensor gana cuando el oponente no puede seguir. Entonces el defensor ha alcanzado una posición de victoria final. El oponente gana cuando el defensor no puede alcanzar una posición de victoria final. (Cuando aparecen cuantores, eventualmente puede resultar el juego indeciso.)

Si, para abreviar el juego, se impone a los oponentes la limitación de poder atacar a lo sumo la jugada precedente del defensor o de poderse defender a lo sumo contra la jugada precedente del defensor —siempre que haya sido de ataque—puede demostrarse que por ello no varía la posibilidad de ganar el defensor, en el momento de iniciar el juego.

Damos tres ejemplos más de las posibilidades de los juegos:

(1)	$a \vee \neg a$			a
(2)	$\neg \neg a$			
(3)		? (2)	(1) ?	
(4)	$\neg a$		(2) ?	$\neg a$
(5)	a	? (4)	(4) ?	a
(6)		? (5)	(5) ?	

(1)	$\bigwedge_x a(x) \vee \neg a(x)$			$\neg \neg \bigwedge_x a(x)$
(2)	$\bigwedge_x \neg \neg a(x)$			
(3)	$\neg \bigwedge_x a(x)$	? (2)	(3) ?	$\bigwedge_x a(x)$
(4)		y ? (3)	(1) y ?	
(5)	$a(y) \vee \neg a(y)$		(5) ?	
(6)	$\neg a(y)$		(2) y ?	
(7)	$\neg \neg a(y)$		(7) ?	$\neg a(y)$
(8)	$a(y)$	? (7)	(6) ?	$a(y)$
(9)		? (8)	(8) ?	

(1)				$a \to b \to a \overset{\cdot\cdot}{\to} a$
(2)	$a \to b \to a$	? (1)		a
(3)		? (2)	(2) ?	$a \to b$
(4)	a	? (3)		b
(5)		? (4)		

En los dos primeros casos la posición inicial es victoriosa para el defensor: puede ganar contra cualquier estrategia del oponente. Pero en los dos casos sólo es posible esto, porque se han tomado entre las hipótesis casos especiales del *tertium non datur* $A \vee \neg A$. La tesis se deduce de las restantes hipótesis sólo en lógica clásica, pero no en lógica efectiva.

El tercer ejemplo—que carece de hipótesis y tiene como tesis la proposición de PEIRCE—muestra que la proposición de PEIRCE no es cierta en lógica efectiva, porque el defensor no puede alcanzar ninguna posición final victoriosa. (Pero es cierta en lógica clásica, porque en lógica efectiva se deduce de las hipótesis $a \vee \neg a$ o, también, de $\neg \neg a \rightarrow a$.)

Ahora podemos definir una situación victoriosa, como aquélla en la que la tesis A del defensor puede ser defendida contra todo oponente que proponga como hipótesis $A_1, \ldots, A_n$. En estas condiciones, diremos que el sistema $A_1, \ldots, A_n$ implica en lógica efectiva la proposición A y demostraremos que esto es precisamente lo que ocurre cuando en un cálculo de cuantores adecuado es deducible la fórmula

$$A_1 \wedge \ldots \wedge A_n \prec A.$$

Con ello quedará demostrada la consistencia y totalidad de este cálculo respecto a la clase de situaciones victoriosas.

Representaremos la situación inicial del modo siguiente:

$$A_1, \ldots, A_n \mid A.$$

Para representar los sistemas de fórmulas utilizaremos la variable S. Si aparece una fórmula A en el sistema S, escribiremos también $S(A)$.

Para poder contar las situaciones victoriosas, consideremos aquellas situaciones del juego en las que el defensor ha jugado y el oponente, a lo sumo, puede atacar todavía una fórmula del defensor. Bajo esta consideración los pasos del diálogo pueden reunirse de forma que no sea necesario considerar ninguna otra situación del juego. En consecuencia, dichas situaciones las designaremos fundamentales y las representaremos en la forma $S \mid A$ (S representa el sistema de todas las fórmulas atacables del oponente). En particular, son de esta clase la situación inicial $A_1, \ldots, A_n \mid A$ y la situación victoriosa final $S(a) \mid a$. (En el caso que el defensor no proponga tesis, la situación $A_1, \ldots, A_n \mid$ se trata formalmente como si el oponente pudiese atacar —sin posibilidad de defensa—con ? la fórmula «vacía» del defensor; la situación victoriosa final $S(a) \mid a$ debe interpretarse en el sentido de que la a del defensor ha sido atacada ya—precisamente como última fórmula atacada del defensor—y, además, el defensor, según la regla para las fórmulas primitivas, ha podido atacar la a del oponente, de modo que el oponente no puede seguir actuando más.)

Distinguiremos en el curso del diálogo los casos en los que el defensor está en juego de aquellos otros en los que está en juego el oponente, y reuniremos en uno un ataque y su respuesta. Tendremos así, por un lado, los casos en los que el oponente ataca una fórmula del defensor y éste responde (casos-*D*), y por otro, los casos en los que el defensor ataca una fórmula del oponente y éste responde (casos-*O*). Se puede prescindir de los casos-*D*, en los que la fórmula atacada del defensor es una fórmula primitiva, porque después del ataque, que no admite respuesta, el caso *D*, sin ningún cambio en la situación del diálogo, se transforma en un caso-*O*. Por otra parte, un caso-*O* en el que la fórmula atacada del oponente sea una fórmula primitiva, sólo puede aparecer cuando se trate precisamente de que esta misma fórmula primitiva sea la última atacada del defensor. Surge de este modo una situación victoriosa final, porque el oponente no puede responder.

Los casos-*D*, en los que es atacada una fórmula compuesta del defensor, son los siguientes (se describe la situación del diálogo después del ataque del oponente; antes del ataque existía una situación fundamental):

$$\begin{array}{ll|l} (D_\wedge{}^L) & S & A \wedge B \\ & L\,? & \end{array} \qquad \begin{array}{ll|l} (D_\wedge{}^R) & S & A \wedge B \\ & R\,? & \end{array}$$

$$\begin{array}{ll|l} (D\vee) & S & A \vee B \\ & ? & \\ (D_\rightarrow) & S & A \rightarrow B \\ & A\,? & \\ (D_\neg) & S & \neg A \\ & A\,? & \\ (D_\bigwedge{}^y) & S & \bigwedge_x A(x) \\ & y\,? & \\ (D_\bigvee) & S & \bigvee_x A(x) \\ & ? & \end{array}$$

Si ahora contesta el defensor a este ataque del oponente, podemos limitarnos a considerar la defensa, porque el contraataque será tratado al estudiar los casos-*O*. Surgen entonces las siguientes situaciones fundamentales (puede prescindirse de las fórmulas del defensor ya atacadas, pues el oponente sólo puede atacarlas una vez):

$$\begin{array}{llll} (D_\wedge{}^L) & S \mid A & & (D_\wedge{}^R) \quad S \mid B \\ (D\vee) & S \mid A & \text{o bien} & S \mid B \\ (D_\rightarrow) & S, A \mid B & & \\ (D\neg) & S, A \mid & & \end{array}$$

(Como en la situación inicial en el caso de faltar la tesis, se ha introducido aquí sólo formalmente la defensa «vacía»—posteriormente la representaremos por «$\curlywedge$»—; esta situación debe tratarse como la inicial.)

$$(D_{\bigwedge}{}^{y}) \quad S \mid A(y)$$
$$(D_{\bigvee}{}^{y}) \quad S \mid A(y)$$

(y debe ser elegida por el defensor).

Podemos establecer las siguientes reglas, que conducen de situación victoriosa a situación victoriosa:

$$(D_{\wedge}) \qquad S \mid A, S \mid B \Longrightarrow S \mid A \wedge B$$
$$(D_{\vee}{}^{L}) \qquad S \mid A \Longrightarrow S \mid A \vee B$$
$$(D_{\vee}{}^{R}) \qquad S \mid B \Longrightarrow S \mid A \vee B$$
$$(D_{\rightarrow}) \qquad S, A \mid B \Longrightarrow S \mid A \rightarrow B$$
$$(D_{\neg}) \qquad S, A \mid \quad \Longrightarrow S \mid \neg A$$
$$(D_{\bigwedge}) \quad \text{para todo } y\text{:} \quad S \mid A(y) \Longrightarrow S \mid \bigwedge_x A(x)$$
$$(D_{\bigvee}{}^{y}) \qquad S \mid A(y) \Longrightarrow S \mid \bigvee_x A(x).$$

Puesto que nuestras proposiciones primitivas sólo son proposiciones formales (no hacen ninguna proposición determinada sobre los objetos), puede reemplazarse la regla del cuantor total ($D_{\bigwedge}$), por

$$(D_{\bigwedge}) \qquad S \mid A(y) \Longrightarrow S \mid \bigwedge_x A(x)$$

(para el caso en que y no aparezca en la conclusión).

Para un y que satisfaga esta «condición para la variable», sea $S \mid A(y)$ una situación victoriosa; entonces también lo es para otra variable cualquiera (es aplicable la misma estrategia victoriosa).

Los casos-O, en los que es atacada una fórmula compuesta del oponente, son los siguientes (de nuevo describiremos la situación del diálogo después del ataque del defensor, en donde C será la última fórmula atacada del oponente; antes de este ataque se trataba de una situación fundamental, si se considera a C no como fórmula ya atacada, sino aún como fórmula atacable):

$(O_{\wedge}{}^{L})$		C
	$S(A \wedge B)$	$L\,?$
$(O_{\wedge}{}^{R})$		C
	$S(A \wedge B)$	$R\,?$
$(O_{\vee})$		C
	$S(A \vee B)$	$?$
$(O_{\rightarrow})$		C
	$S(A \rightarrow B)$	$?\,A$
$(O_{\neg})$		C
	$S(\neg A)$	$?\,A$
$(O_{\bigwedge}{}^{y})$		C
	$S[\bigwedge_x A(x)]$	$y\,?$
$(O_{\bigvee})$		C
	$S[\bigvee_x A(x)]$	$y\,?$

Si ahora el oponente contesta a este ataque del defensor, surgen las siguientes situaciones fundamentales, que deben ser todas victoriosas si las situaciones antes del ataque del defensor eran victoriosas (la fórmula atacada del oponente debe permanecer, porque puede volver a ser atacada; detrás de la coma va la última fórmula atacada del oponente):

$(O_{\wedge}{}^{L})$	$S(A \wedge B),\ A \mid C$	$(O_{\wedge}{}^{R})$ $S(A \wedge B),\ B \mid C$
$(O_{\vee})$	$S(A \vee B),\ A \mid C$	o bien, $S(A \vee B),\ B \mid C$
$(O_{\rightarrow})$	$S(A \rightarrow B) \mid A$	(el oponente elige el contraataque, y ahora es A la última fórmula atacada), o bien $S(A \rightarrow B),\ B \mid C$ (el oponente defiende)
$(O_{\neg})$	$S(\neg A) \mid A$	
$(O_{\bigwedge}{}^{y})$	$S[\bigwedge_x A(x)],\ A(y) \mid C$	(la y debe elegirla el defensor)
$(O_{\bigvee}{}^{y})$	$S[\bigvee_x A(x)],\ A(y) \mid C.$	

Puesto que en $(O_{\rightarrow})$ y $(O_{\neg})$ prescindimos de las fórmulas que atacaban A, de hecho todas las situaciones pueden considerarse de nuevo como fundamentales. De este modo obtenemos las reglas siguientes, que también conducen de una situación victoriosa a otra, también victoriosa:

$$\begin{array}{lr} (O_\wedge{}^L) & S(A \wedge B),\ A \mid C \Longrightarrow S(A \wedge B) \mid C \\ (O_\wedge{}^R) & S(A \wedge B),\ B \mid C \Longrightarrow S(A \wedge B) \mid C \\ (O\vee) & S(A \vee B),\ A \mid C,\quad S(A \vee B),\ B \mid C \Longrightarrow S(A \vee B) \mid C \\ (O_\rightarrow) & S(A \rightarrow B) \mid A,\quad S(A \rightarrow B),\ B \mid C \Longrightarrow S(A \rightarrow B) \mid C \\ (O\neg) & S(\neg A) \quad \mid A \Longrightarrow S(\neg A) \mid C \\ (O_\bigwedge{}^y) & S[\bigwedge_x A(x)],\ A(y) \mid C \Longrightarrow S[\bigwedge_x A(x)] \mid C \\ (O\bigvee) & \text{para todo } y\text{:}\ S[\bigvee_x A(x)],\ A(y) \mid C \Longrightarrow S[\bigvee_x A(x)] \mid C. \end{array}$$

De nuevo la última regla puede ser reemplazada por otra, con una condición en la variable:

$$(O\bigvee) \qquad S[\bigvee_x A(x)],\ A(y) \mid C \Longrightarrow S[\bigvee_x A(x)] \mid C$$

(en el caso de que y no aparezca en la conclusión).

Partiendo de la situación de victoria final $S(a) \mid a$, tenemos en total catorce reglas que dan situaciones victoriosas. Al propio tiempo sabemos que toda situación victoriosa debe poder obtenerse partiendo de la situación victoriosa final, mediante la utilización de estas reglas. En consecuencia, tenemos un cálculo para la deducción de todas las situaciones victoriosas.

Si para la situación $A_1, \ldots, A_n \mid A$ escribimos la implicación $A_1 \wedge \ldots \wedge A_n < A$, este cálculo se transforma inmediatamente en un cálculo de GENTZEN de la lógica de cuantores efectiva. Se trata de una extensión del cálculo de GENTZEN afirmativo, dado en el epígrafe 8 [debido a la aplicación de las fórmulas de la conjunción, las reglas $(O_\bigwedge{}^L)$ y $(O_\bigwedge{}^R)$ son allí superfluas].

Si cubrimos los lugares vacíos mediante $\curlywedge$, para la negación tendremos ahora:

$$\begin{array}{ll} G_+\ 3.4 & A \wedge B < \curlywedge \Longrightarrow A < \neg B \\ G_+\ 3.4 & A_\wedge \neg B < B \Longrightarrow A \wedge \neg B < C. \end{array}$$

Si x es libre respecto de y en $B(x)$ (véanse Q 1–Q 4 en el epígrafe 10, y G 5–G 6 en el epígrafe 11), obtenemos para los cuantores las reglas siguientes:

$$G_+ \ 3.5 \qquad A < B(y) \Longrightarrow A < \bigwedge_x B(x)$$

(y no libre en la conclusión)

$$G_+ \ 3.6 \qquad A < B(y) \Longrightarrow A < \bigvee_x B(x)$$

$$G_+ \ 4.4 \qquad A \wedge \bigwedge_x B(x) \wedge B(y) < C \Longrightarrow A \wedge \bigwedge_x B(x) < C$$

$$G_+ \ 4.5 \qquad A \wedge \bigvee_x B(x) \wedge B(y) < C \Longrightarrow A \wedge \bigvee_x B(x) < C$$

(y no libre en la conclusión).

Trivialmente, todas las implicaciones deducibles en este cálculo de GENTZEN también son deducibles en el cálculo efectivo de cuantores del epígrafe 10. Por tanto, este cálculo es total respecto a las implicaciones lógico-efectivas definidas en el diálogo.

Si queremos probar, además, que el cálculo de GENTZEN permite deducir exactamente las mismas implicaciones que el cálculo de cuantores efectivo del epígrafe 10, sólo hay que demostrar la admisibilidad de la regla de transitividad. Por tanto, se trata de extender la admisibilidad de (8.22)

$$A < B,, \quad B \wedge C < D \Longrightarrow A \wedge C < D$$

mediante una inducción formal y parcial respecto a B, sobre el cálculo G_+ 1–G_+ 4 de la lógica de cuantores. No nos ocuparemos aquí de su desarrollo. Los detalles de este teorema fundamental de GENTZEN puede encontrarlos el lector interesado o bien en el trabajo original GENTZEN (1934), o bien en KLEENE (1952) (epígrafe 78, teorema 48).

tabla de símbolos

bibliografía

Textos

CHURCH, A.: *Introduction to Math. Logic,* vol. 1. Princeton, 1956.
HERMES, H.: *Einführung in die mathematische Logik.* Stuttgart, 1963.
HILBERT-ACKERMANN: *Grundzüge der theoretischen Logik,* 4.ª ed. Berlín, 1959.
HILBERT-BERNAYS: *Grundlagen der Mathematik.* 2 vols. Berlín, 1934/1939.
KLEENE, S. C.: *Introduction to Metamathematics.* Nueva York, 1952.
LORENZEN, P.: *Einführung in die operative Logik und Mathematik.* Berlín, 1955.
LORENZEN, P.: *Metamathematik.* Mannheim, 1962.
QUINE, W. VAN ORMAN: *Mathematical Logic.* Harvard Univ. Press, 1951.
ROBINSON, A.: *Introduction to Model Theory and to the Metamathematics of Algebra.* Amsterdam, 1963.
ROSENBLOOM, P. C.: *The elements of mathematical logic.* Nueva York, 1950.
SCHMIDT, A.: *Mathematische Gesetze der Logik,* I. Berlín, 1960.
SCHOLZ-HASENJAEGER: *Grundzüge der Mathematischen Logik.* Berlín, 1961.
SCHÜTTE, K.: *Beweistheorie.* Berlín, 1960.

Historia de la Lógica formal

BOCHENSKI, J. M.: *Formale Logik.* Friburgo, 1956.
KNEALE, W. & M.: *The Development of Logic.* Oxford, 1962.
MATES, B.: *Stoic Logic.* Berkeley, 1961.
SCHOLZ, H.: *Abriß der Geschichte der Logik,* 1931.

Lógica modal

BECKER, O.: *Einführung in die Logistik, vorzüglich in den Modalkalkül.* Meisenheim, 1951.
BECKER, O.: *Untersuchungen über den Modalkalkül.* Meisenheim, 1952.
CARNAP, R.: «Modalities and Quantification», *J. Symb. L.,* **11**, 1946.
LEWIS, C. I.: *A survey of symbolic logic.* Berkeley, 1918.
LORENZEN, P.: «Zur Begründung der Modallogik», *Archiv. f. math. Logik und Grundlagenforschung,* **2**, 1955.

Referencias

ACKERMANN, W.: *Solvable cases of the decision problem.* Amsterdam, 1955.
ARISTÓTELES: *Aristotle's Prior and Posterior Analytics.* Texto con Introducción y Comentario por W. D. Ross. Oxford, 1949.

BEHMANN, H.: «Zur Vereinheitlichung der logischen Symbolik», *Erkenntnis*, **7**, 1939.

BOOLE, G.: *The mathematical analysis of logic*. 1847. Reimpresión, Oxford, 1951.

BROUWER, L. E. I.: *Over de grondslagen der wiskunde* (Diss.). Amsterdam, 1907.

CANTOR, G.: «Uber eine Eigenschaft des Inbegriffs aller reellen algebraischen Zahlen», *J. f. d. reine u. angew. Math.*, **77**, 1874.

CARNAP, R.: *Meaning and necessity*. Chicago, 1947.

CHURCH, A.: «A note on the Entscheidungsproblem», *J. Symb. Logic*, **1**, 1936.

COUTURAT, L.: *La Logique de Leibniz d'après des documents inédits*. París, 1901.

DANTZIG, D., VAN: «On the principles of intuitionistic and affirmative math.», *Indagationes mathematicae*, **9**, 1947.

FREGE, G.: *Begriffsschrift*. Halle, 1879.

FREGE, G.: «Über Sinn und Bedeutung», *Ztschr. f. Philos. u philos. Kritik*, **100**, 1892.

FREYTAG-LÖRINGHOFF, Baron v., B.: «Über dar System der modi des Syllogismus», *Ztschr. f. philos. Forschung*, **4**, 1949.

GENTZEN, G.: «Untersuchungen über das logische Schließen», *Math. Z.*, **39**, 1934.

GERGONNE, J. D.: «Essai de dialectique rationelle», *Ann. de math. pures et appl.*, **7**, 1816.

GÖDEL, K.: «Die Vollständigkeit der Axiome des logischen Funktionenkalküls», *Monh. f. Math. u. Phys.*, **37**, 1930.

GÖDEL, K.: «Über formal unentscheidbare Sätze der Principia-Mathematica und verw. Systeme», *Monh. f. Math. u. Phys.*, **38**, 1931.

HEYTING, A.: «Die formalen Regeln der intuitionistischen Logik», *Sitz.-Ber. d. preuß. Akad. der Wiss. phys. math. Kl.*, 1930.

KÖNIG, D.: *Theorie der endlichen und unendlichen Graphen*. Leipzig, 1936.

MORGAN, A. DE: *Formal logic*, 1847. Reimpresión: Londres, 1926.

PEANO, G.: *Formulaire de Mathematique*, vol. 5. Turín, 1894/1908.

PEIRCE, C. S.: «On the algebra of logic», *The Am. J. of Math.*, **3**. Reimpreso en Collected Papers III. Cambridge (Mass.), 1933.

POST, E. L.: «Recursively enumerable sets of positive integers and their decision problems», *Bull. Amer. Math. Soc.*, **50**, 1944.

RUSSELL, B.: *The principles of math*, 1903. Reimpresión: Londres, 1950.

SCHRÖDER, E.: *Vorlesungen über die Algebra der Logik*. 3 vols. Leipzig, 1890/1905.

SCHÜTTE, K.: «Ein System des verknüpfenden Schließens», *Archiv f. math. Logik und Grundlagenforschung*, **2**, 1955.

SKOLEM, TH.: «Über die Unmöglichkeit einer vollständigen Charakterisierung der Zahlenreihe mittels eines endlichen Axiomensystems», *Norsk mat. forenings skrifter*. Ser. 2, **10**, 1933.

SMULLYAN, R.: *J. Symb. Logic*, **21**, pág. 222, 1956.

TARSKI, A.: «Über einige fundamentale Begriffe der Metamathematik», *Comptes rendus des séances de la Soc. des Sc. et des Lettres de Varsovie*. **3**, 23, 1930.

TARSKI, A.: *A decision method. for elementary algebra and geometry*, Santa Mónica, Rand Corp, 1948.

WHITEHEAD-RUSSELL: *Principia Mathematica*, 3 vols., 1910/1913. Reimpresión: Cambridge, 1950.

WITTGENSTEIN, L.: *Tractatus logico-philosophicus*. Londres, 1922.

índice de nombres

índice de materias

Bei Fragen zur Produktsicherheit wenden Sie sich bitte an:
If you have any questions regarding product safety,
please contact:

Walter de Gruyter GmbH
Genthiner Straße 13
10785 Berlin
productsafety@degruyterbrill.com